本当は面白い 数学の話

確率がわかればイカサマを見抜ける?
紙を100回折ると宇宙の果てまで届く?

岡部恒治・本丸 諒

= SB Creative

はじめに

数学で賢く生きよう!

　2018年1月、「富士山の体積を量るアイデア募集」という広告を見かけました。実は、筆者はその30年も前に、ある編集者から「標高1000m地点を裾野として、富士山の体積を計算してください」と頼まれたことがあったのです。一見、かんたんそうですが、富士山は円すいのような計算しやすい形ではありませんから、途方にくれた記憶があります。

　結局、高さ500mごとに等高線の形をトレースし、ゴムシートをその形に切り抜いて重さを量り、その重さから対応する等高線の囲む面積を算出し、体積計算の手がかりとしました。この計算法は、いわば「面積・体積を重さに変換する」という方法です。

　実は本書で紹介する、カバリエリの酒樽を輪切りにする計算法もこれと同じで、その少し先まで行くと、積分法まで見えてきます。

　これと似たことが、最近、ツイッター上で話題になりました。あるお客が大量の1円玉の入った袋をレストランのレジにもってきて、「数えろ!」と要求したというのです。そこで店員さんが"神対応"。その方法とは、1枚1枚数えず、「1円玉全部の重さを量って枚数を推定した」

ということです。1円玉は1枚1gですから、3kgなら3000枚です。

　この店員さんのアイデアは、筆者が等高線の面積・体積を別のものに置き換えて算出した方法と、考え方が同じです。数学というのは、本来、「むずかしいもの、面倒なものに関して、頭を使ってかんたんに解決できないものか？」と考えるための学問といえます。

　最初の話で、「富士山の体積なんてわかっても、何の役にも立たない。だから数学は役立たない」と言う人がいますが、そうでしょうか。大量の1円硬貨を出されて困ったとき、複雑な形状の物体の体積算出で途方にくれたとき、「輪切りにする手がある」「重さを量れば解決する！」と気づけば問題解決に大きく近づくことでしょう。

　仕事や社会生活では、さまざまな難題に直面します。そんなとき、ちょっと現実離れしているように見える「数学の思考法や論理」が大いに役立ち、思いもしない解決策につながることが多いのです。数学は、賢く生きるための知恵、思考法だと言えるでしょう。

　最後になりましたが、本書の内容をしっかり吟味していただいた長谷川愛美氏、曽根信寿氏、また、最後まで手綱を握り、うまくゴールまで導いてくださったSBクリエイティブの出井貴完編集長、田上理香子氏にはたいへんお世話になりました。深く感謝いたします。

2018年2月　岡部恒治

CONTENTS

本当は面白い数学の話
確率がわかればイカサマを見抜ける？　紙を100回折ると宇宙の果てまで届く？

はじめに …………………………………………………………………… 2

第1章　目に見えないものを見せる「数」の本質 …… 7

- **1-1**　なぜ、分数のわり算はひっくり返して掛けるのか？ ……… 8
- **1-2**　なぜ「マイナス」同士を掛けると「プラス」？ ……………… 14
- **1-3**　「0」に関する6つのクイズ …………………………………… 20
- **1-4**　古代バビロニアの60進数 …………………………………… 26
- **1-5**　計算の手間を省く数列 ………………………………………… 31
- **1-6**　経済の「乗数効果」は等比数列の和 ………………………… 35
- **1-7**　複利の恐るべきパワーを知る ………………………………… 39
- **1-8**　すごく誤解の多い？有効数字の考え方 ……………………… 42

第2章　「カバリエリの方法」で面積・体積を見ると様変わり！ …… 47

- **2-1**　なぜ長方形の面積は「タテ×ヨコ」？ ……………………… 48
- **2-2**　台形の面積を3つの方法で考える …………………………… 52
- **2-3**　酒樽への関心から積分が生まれた？ ………………………… 55
- **2-4**　カバリエリの方法で面積を見直す …………………………… 57
- **2-5**　円の面積をどう求めた？ ……………………………………… 59
- **2-6**　カバリエリの発想で円の面積を見直す ……………………… 63
- **2-7**　樽の体積？　スライスして考える！ ………………………… 65
- **2-8**　すいの体積は「底面積×高さ」で …………………………… 67
- **2-9**　フィールズ賞とアルキメデスの墓碑 ………………………… 70
- **2-10**　球の表面積は球の体積から計算できる …………………… 75

サイエンス・アイ新書

第3章　世界を解明する？ 方程式と因数分解の謎 ･･････ 77

- 3-1　超速算術のウラには因数分解がある！ ･･････ 78
- 3-2　ネット決済には素数が使われている？ ･･････ 83
- 3-3　魔法の「解の公式」が 公開試合の秘密兵器 ･･････ 87
- 3-4　関数とはブラックボックスか？ ･･････ 91
- コラム　　この世界を解明する 「仮説×仮説×……」の考え方 ･･････ 94

第4章　確率と統計さえわかれば、 イカサマや八百長も見抜ける ･･･ 97

- 4-1　「場合の数」を漏れなくリストアップする ･･････ 98
- 4-2　ややこしい「順列と組合せ」の違い？ ･･････ 101
- 4-3　源氏香で「組合せ」の世界を遊ぶ ･･････ 105
- 4-4　コインのオモテが出る確率は ホントに$\frac{1}{2}$か？ ･･････ 111
- 4-5　変わる確率、変わらない確率？ ･･････ 115
- 4-6　「10回続いたらイカサマ」 と断定していい？ ･･････ 121
- 4-7　相関を見つけて因果関係を探れ？ ･･････ 124
- 4-8　C部長を絶望に追い込んだ検査結果 ･･････ 128
- コラム　　湖の魚の数を推測する ･･････ 130

第5章　天文学者のコンピュータだった？ 「指数と対数」 ･･････ 131

- 5-1　超極大な世界へ、超微小な時間へ ･･････ 132
- 5-2　指数の計算はシンプルな法則で ･･････ 135
- 5-3　対数は桁数をかんたんに教えてくれる ･･････ 139
- 5-4　紙を100回折ると、宇宙の果てまで？ ･･････ 141
- 5-5　ケプラーの法則と対数グラフ ･･････ 146

SB Creative

CONTENTS

第6章 世界はサインカーブでできている! ……… 151

- 6-1 三角比だけでもさまざまな問題が解ける ……… 152
- 6-2 三角比を利用してみよう ……… 155
- 6-3 宇宙を測る三角関数 ……… 160
- 6-4 三角比が「三角関数」に変わると…… ……… 165
- 6-5 サインカーブを組み合わせる ……… 169
- コラム 三角形を駆使したトラス構造 ……… 174

第7章 微分・積分を知ると、「面積から静止衛星の軌道まで」計算できる? ……… 175

- 7-1 円周と円の面積の関係を見直すと ……… 176
- 7-2 球の体積と表面積にも関係が…… ……… 178
- 7-3 微分の公式とは? ……… 181
- 7-4 「グラフの概形」は微分で描く ……… 183
- 7-5 積分とは、「分けて面積・体積を計算する」もの ……… 185
- 7-6 $f(x)$とx軸で囲む面積を知りたい! ……… 188
- 7-7 カバリエリができなかったことも可能に! ……… 190
- 7-8 微分と積分は「逆演算」 ……… 193
- 7-9 基本定理は棒グラフで納得! ……… 195
- 7-10 静止衛星の軌道を微分で求める ……… 197
- コラム 地球の1日は24時間? 1年は365回転? ……… 202

参考文献 ……… 203
おわりに ……… 204

第1章

目に見えないものを見せる「数」の本質

なぜ、分数のわり算はひっくり返して掛けるのか？

●「おもひでぽろぽろ」のタエ子の疑問

アニメ映画「となりのトトロ」「風の谷のナウシカ」などで知られるスタジオジブリに、「おもひでぽろぽろ」という作品があります。

その中で、主人公のタエ子（小学5年生）が、分数のわり算の場合、「どうしてひっくり返して掛けるのか」を理解できず、お姉ちゃん（ヤエ子）に教えてもらうシーンが印象的です。お姉ちゃんは、リンゴの絵で考えている妹に説明するのですが、理屈を十分に理解していないため教えきれず、最後には、

「わり算は（分母と分子を）ひっくり返すって覚えればいいの！」
と、サジを投げます。

アニメの中にまで「分数のわり算」のやり方が登場するのが面白いところです。

一説によると、分数のわり算について何の疑問ももたず、「かんたん、かんたん！ 後ろの分数をひっくり返して掛けるだけ」

とシンプルに処理してきた人ほど、その後の人生をスムーズに過ごせるという話もあるほど、話題になるテーマです。ただ、分数のわり算で悩んだ子どもが、うまくここを突破できれば、その後は自分で独習していけそうに思えます。

●「ひっくり返して、掛ける」をシンプルに説明する

分数のわり算は以下のように計算しました。

$$\frac{2}{3} \div \frac{7}{5} = \frac{2}{3} \times \frac{5}{7} \qquad 8 \div \frac{5}{2} = 8 \times \frac{2}{5}$$

たしかに、式の後ろにある分数$\left(\frac{7}{5}$や$\frac{5}{2}\right)$だけ、分母と分子をひっくり返し、掛けています。なぜ「ひっくり返すのか」も疑問ですが、「わり算だったものをかけ算にする」のだから、納得がいかないのも当然です。

この説明方法としては、昔から多数の試みがあります。ということは、それだけ説明がむずかしい証拠です。

シンプルなかけ算の操作だけで説明してみましょう。それが一番、説明もスッキリするからです。

まず、以下の分数のわり算を考えます。

$$5 \div \frac{3}{2}$$

前に置かれている数（割られる数＝5）を分数にしてもよいのですが、それだけ複雑になるので、整数にしてシンプルに考えます。これ以後はわり算を使わず、「すべてかけ算で処理する」方針で進めます。

この答え（結果）を仮にx（小学生に教えるなら□でもかまいません）としておきます。

$$5 \div \frac{3}{2} = x \quad \cdots\cdots\cdots\cdots\cdots\cdots\cdots\cdots ①$$

　次に、後ろの分数 $\frac{3}{2}$ を、なんとかして「1」にすることを考えます。$\frac{3}{2}$ で割っているのだから、同じ $\frac{3}{2}$ を両辺に掛ければよいでしょう。

$$5 \div \boxed{\frac{3}{2} \times \frac{3}{2}} = x \times \frac{3}{2} \quad \rightarrow \quad 5 = x \times \frac{3}{2}$$

　　　　　　　↳「1」にする

　これで左辺は「5」になり、スッキリしました。ここで右辺の x を求めましょう。そのために、今度は右辺の $\frac{3}{2}$ を「1」にすることを考えます。$\frac{3}{2}$ には逆数の $\frac{2}{3}$ を掛けるとよいでしょう。ここで「$\frac{3}{2}$ で割る」と考えると、元の①式に戻ってしまうので、ここは逆数の $\frac{2}{3}$ を掛けてください。

$$5 \times \frac{2}{3} = x \times \boxed{\frac{3}{2} \times \frac{2}{3}} \quad \rightarrow \quad 5 \times \frac{2}{3} = x \quad \cdots\cdots ②$$

　　　　　　　　　　↳「1」にする

　①と②は両者とも「右辺が x」で同じですから、左辺も ①＝② です。よって、

$$5 \div \frac{3}{2} = 5 \times \frac{2}{3}$$

> つまり、後ろの分数 $\frac{3}{2}$ をひっくり返して $\frac{2}{3}$ を掛けた！

と言えます。

　分数のわり算では、「前に置かれた数」は変化しませんから、それが整数か分数かは無関係です。当然、分数同士のわり算の場合も、「後ろだけ（わり算の部分だけ）ひっくり返して、掛ける」ことになります。

◉ 図形を使って説明する

　図形を使う方法も考えてみましょう。案外、こちらのほうが説明がむずかしくなります。

　いま、10個に切られた大きなカステラがあり、それを誰にもあげないで（食いしん坊のため）、1人で食べるとします。

10個に切り分けられたカステラ

　もし1日に10個も食べるなら、わずか1日で食べ終えてしまいます。それを式で表すと、

　　10個 ÷ 10個 = 1日

です（正確な単位は10個 ÷ 10個／日 = 1日）。

　けれども、1日に5個ずつであれば2日に分けて食べられ、もし1日に2個ずつ食べれば5日間もちます。さらに「1日に1個」と我慢すれば、10日の間、カステラを食べ続けることができます。

　　10個 ÷ 5個 = 2日間
　　10個 ÷ 2個 = 5日間
　　10個 ÷ 1個 = 10日間

　では、さらに我慢して、「1日に $\frac{1}{2}$ 個（半個）だけ食べる」と

すると、どうでしょうか。これまでの計算から考えると、20日間になりそうです。

$$10 個 ÷ \frac{1}{2} 個 = 20 日間 \quad \text{……………(予想)}$$

それを図で表すと、次のように考えることができます。

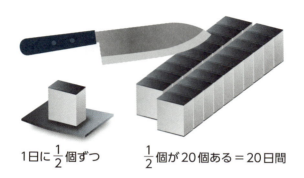

1日に $\frac{1}{2}$ 個ずつ　　　$\frac{1}{2}$ 個が 20 個ある＝20 日間

まず、「1日に $\frac{1}{2}$ 個（半個）食べる」ということは、10個に切られたカステラを、さらにその半分に切ったものを食べるということなので、カステラの大きさは小さくなりますが、その分、個数は2倍の20個です。この1つのかけらが $\frac{1}{2}$ 個（半個）で、これを1日に1つずつ（$\frac{1}{2}$ 個ずつ）食べるなら、20日間、食べ続けられます。

つまり、「$\frac{1}{2}$ で割る」ということは、「2倍にする」ということと同じなので、式としては、以下のようになります。

$$10 \,\boxed{÷ \frac{1}{2}} = 10 \,\boxed{× \frac{2}{1}} = 10 × 2$$

ひっくり返して掛ける

逆数を直感的に理解しよう

最初に説明した「かけ算」を続けていく方式でも、あるいは「カステラの食いしん坊」方式でも、どちらでも、理解しやすいほうで考えればよいと思います。ストンと腑に落ちなければ、別の方法も考えてみてください。

ただ、子どもにカステラ方式で教える場合、注意点があります。それは「10人で分ける」「5人で分ける」……と「人数」で考えていくと、最後は「$\frac{1}{2}$人で分ける」のような抽象的な考えに陥り、かえって複雑になります。

その意味では「人」ではなく「個数」、つまり「我慢して1日あたりの食べる量を減らしていき、最後は$\frac{1}{2}$個（半個）」という説明のほうが無理がないでしょう。

ところで、「分数のわり算」だけ「後ろの分母・分子をひっくり返す」と覚えているかもしれませんが、それは「整数」でも同じです。上記の「$\frac{1}{2}$で割ると、$\frac{2}{1}$を掛ける」ことになるのと同様、2で割ると$\frac{1}{2}$を掛けることになります。わり算はいつも「逆数」を掛けているのです。

わり算は「逆数」を掛けるのだ！

なぜ「マイナス」同士を掛けると「プラス」?

　エジソンが子どもの頃、教師が「1 + 1 = 2」を教えていたところ、「1個の粘土と1個の粘土を合わせても、1個の大きな粘土になるだけ。それなのに、なぜ 1 + 1 = 2 なのですか?」とエジソンが質問をして、先生にあきれられたそうです。

　たしかに粘土遊びなら、「1 + 1 = 1」と考えても不思議ではありません。"ジョーシキ"はケースによって違うようです。

1 + 1 は……、大きい「1」?

　化学の実験でも"ジョーシキ"が覆ることがあります。100 mL の水を2つ用意し、それらを合わせると、200 mL になります。けれども、水 100 mL にエタノール 100 mL を加えると 200 mL

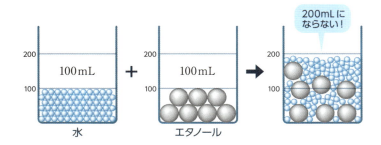

にはならず、194mLぐらいに減ってしまいます。

日頃、当たり前と思っている四則計算（たし算、ひき算、かけ算、わり算）も、このように、機械的に現実にあてはめてみると、おかしなケースも出てきます。

● なぜ、マイナス同士のかけ算、わり算はプラスなのか？

同じような疑問の1つに、負の数の計算があります。中学校に入ると習う「正の数・負の数」のことで、「プラスの数・マイナスの数」のことです。

最初、「5＋（－3）＝5－3」のような計算が顔を出すので、「かんたんだ」と気持ちがゆるみがちですが、「5－8」や「－3－7」のような計算が出てくると、少しあわて始めます。

正の数・負の数の計算のイメージは「数直線」を使って考えると、わかりやすいでしょう。数直線は真ん中に「原点O」があります。原点Oには0（ゼロ）を対応させますが、原点の記号は「O」（オー）であって、0（ゼロ）ではありません。これはギリシア文字のO（オミクロン）、あるいは英語のOrigin（オリジン）に由来します。

この原点Oより右側が正の数（プラス：＋）の領域で、逆に、原点Oより左側が負の数（マイナス：－）の領域になっています。

そして、数の大きさを比較する場合は、<u>数直線上で右側にあるほうが「大きい」、左側にあるほうが「小さい」</u>とします。

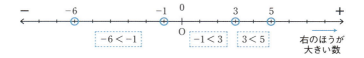

負の数はマイナスの数ですから、単純な大きさ比べをすると、正の数にかないません。負の数というのは、いわば「借金」のようなものですから、左に行けば行くほど、借金が膨らむことになり、無借金（原点O）から遠くなります。

ただ、借金も大きくなると、パワーをもちます。そこで、原点Oからの距離を見たのが「絶対値」です。たとえば、7と−7は原点Oからの距離が等しいので、

　　$7 = |-7|$

と考えます。右辺の「−7」を囲んでいる｜　｜は絶対値記号と呼ばれるもので、この中にあるものについては、それが数値であろうが計算結果であろうが、「プラスにしてから外に出す」という約束です。たとえば、

数値の場合　$|-5| = 5$
計算の場合　$|5-8| = |-3| = 3$

です。もちろん、絶対値記号の中に正の数が入っても同じです。

数値の場合　$|5| = 5$
計算の場合　$|5+8| = |13| = 13$

● 正の数と負の数のたし算、ひき算は？

さて、3＋5、3−5、−3＋5、−3−5の4つの計算を、数直線を使って計算してみましょう。

まず、3＋5であれば、最初に＋3の位置を決め、右に5（＋5なので）だけ移動します。右をプラス方向と決めたからです。

3−5の場合は、同じく3の位置を決めた後、「−」記号は逆方向なので、左に5（−5なので）だけ移動します。

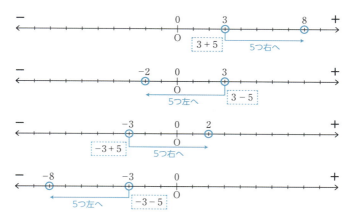

−3＋5は、数直線上の「−3」から右に5だけ移動するため、答えは「＋2」です。最後の−3−5は、「−3」の位置から左に5（−5なので）だけ移動するので、答えは「−8」となります。

● なぜ「マイナス×マイナス＝プラス」となるのか？

「正の数・負の数」では、負の数（−の数）を掛けたり、負の数同士を掛けたとき、どうなるかが引っかかります。最初にかけ算の符号がどうなるか、結論を書いておきます。

(＋の数)×(＋の数)＝(＋の数)　**同符号同士**
(−の数)×(−の数)＝(＋の数)　**同符号同士**
(＋の数)×(−の数)＝(−の数)　**異符号同士**
(−の数)×(＋の数)＝(−の数)　**異符号同士**

つまり、同じ符号同士のかけ算では「＋の数」になり、異なる符号同士のかけ算の場合は「−の数」になるというわけです。「異符号はマイナス」とだけ覚えておけばよいでしょう。これ

はかけ算に限らず、わり算でも同じです。

ただ、計算はできても、「なぜそうなるのか？」と聞かれると、答えに窮します。これも数直線を見ながら考えます。

最初に、異符号の計算を見てみると、

　　$(-3) \times 5 = -15$

でしたが、なぜ$(-)$と$(+)$を掛けると$(-)$になるのでしょうか。

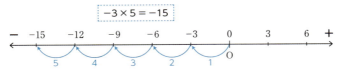

原点から−3（左）の位置を、「そのままの方向」で5倍する

これは、「 借金（マイナス）が3万円あって（−3）、それが5倍に膨らんだ 」と考えることができます。ということは、−3×5というのは、原点Oから見て、−3と同じ方向にそのまま5倍に延ばす、と考えます。

では、なぜ、同符号の（−の数）×（−の数）は「＋の数」になるのでしょうか。それを考えるために、

　　（＋の数）×（＋の数）＝（＋の数）

という、ごくふつうの計算を数直線で見ておきましょう。

いま、Aさんが右に向かって秒速5mで走るのを「＋5」と書くことにします。「4秒後」には、原点Oよりも、

　　$5 \times 4 = 20\,\text{m}$

だけ、右の位置にいます。だから、

　　（＋の数）×（＋の数）＝（＋の数）

となるわけです。絵で描くと、次の図の通りです。

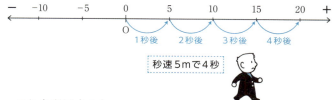

これを利用すると、

　（−の数）×（−の数）＝（＋の数）

も容易に理解できます。

　Aさんが左に向かって毎秒5mで走っているとすると、これは「−5」と書けます。そして、Aさんは何秒か前から左に走ってきた結果、原点にたどり着いたとすると、「4秒前」にはどこにいたでしょうか。「4秒前」なので「−4」と書けます。

　（−5）×（−4）

と考えると、次のようになるはずです。

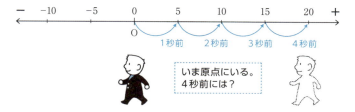

　算数の計算法は、最初は暗記でもよいと思いますが、それだと計算は退屈になり、飽きてきます。そんなとき、「どうして分数のわり算では、後ろの分数の分母と分子をひっくり返して掛けるのか」とか、「なぜ、長方形の面積はタテ×ヨコか」「なぜ、円は360°なのか」などを考えると、その計算方法の意味が見えてきて、計算も楽しくなってきます。

　次は「0」をめぐるクイズを少し考えてみましょう。

1-3 「0」に関する6つのクイズ

「零とは無なり」と言いだすと哲学的な話になりますが、数学でも「0」は落とし穴です。そこで0に関するクイズを6つほど出してみましょう。

● 第1問──「0は偶数か？ それとも奇数か？」

数直線を見ると、1（奇数）と−1（奇数）の間に0があるので「偶数だろう」と予測できます。

「偶数」というのは「2で割り切れる数（2の倍数）」のことをいいます。そして、2で割り切れないのが「奇数」です。偶数は2の倍数なので、

$2 = 2 \times 1$、 $6 = 2 \times 3$、 $14 = 2 \times 7$ ……
$-4 = 2 \times (-2)$、 $-24 = 2 \times (-12)$ ……

のように、「$2 \times \square$」と表せます。□に入る数は整数です。0も整数なので、

$0 = 2 \times 0$

から、「0」は偶数と考えるのです。

● 第2問 ──「0はプラスの数？ マイナスの数？」

これは悩みます。というのは、数直線で見ても、0はプラスとマイナスの間にあるからです。0よりも大きい数が「正の数」（プラス）で、0より小さい数が「負の数」（マイナス）ですから、「0はプラスでもマイナスでもない」が答えです。

● 第3問 ──「$5^0 = 0$か、1か、5か？」

第1問、第2問まではできても、「$5^0 = 0$か、1か、それとも5か？」になってくると、判断に迷うのでは？

まず最初に、「5^0」とありますが、この「0」は累乗とか、べき乗（冪乗）と呼ばれるものです。これが便利なのは、

$$5 \times 5 = 5^2 \quad 5 \times 5 \times 5 \times 5 \times 5 \times 5 \times 5 = 5^7$$

のように、同じ数を何回も掛ける計算では、5がいくつあるのかを見誤ることがありそうですが、5^2や5^7のような省略形で書けば間違いにくいし、省力モードです。

累乗は、「同じ数を何回掛けたか」ということなので、その意味からすると、5^0は「5を0回掛けたもの」となり、急に意味がわからなくなります。0回掛けたということを「何も掛けていない」と考えれば、「$5^0 = 0$」という結論になりそうです。しかし、次の計算をしてみると、どうでしょうか。

$$5^7 \div 5^7 = 5^{7-7} = 5^0 \quad \cdots\cdots ①$$

$$5^7 \div 5^7 = \frac{\cancel{5} \times \cancel{5} \times \cancel{5} \times \cancel{5} \times \cancel{5} \times \cancel{5} \times \cancel{5}}{\cancel{5} \times \cancel{5} \times \cancel{5} \times \cancel{5} \times \cancel{5} \times \cancel{5} \times \cancel{5}} = 1 \quad \cdots\cdots ②$$

①と②の左辺は同じですから、右辺も同じです。よって、

$$5^0 = 1$$

と考えることができます。5^0に限らず、3^0や123^0のように何ら

かの数値の「0乗」の場合、一般に、

$$n^0 = 1$$

と決めれば、$a^m \div a^n = a^{m-n}$ がいつでも成り立ちます。

● 第4問 ——「0！（階乗）はいくつか？」

累乗と似た言葉に「階乗（！）」があります。階乗というのは、

$$5! = 5 \times 4 \times 3 \times 2 \times 1 \quad (5! = 120)$$

という、階段状の形で表すかけ算のことです。「7！」であれば、

$$7! = 7 \times 6 \times 5 \times 4 \times 3 \times 2 \times 1 = 5040$$

と、計算結果が非常に大きくなっていくのが階乗の特徴です。

ここで第4問「0！はいくつか？」—— 当然、

$$0! = 0$$

と思ってしまいますが、これも便利だから0！＝1とします。1にすると便利な理由は第4章❷で説明することにしましょう。

ところで、アルファベット26文字を暗号に使うとします。昔の暗号にシーザー暗号（カエサル暗号）という簡易なものがあり、これはアルファベット文字を単純に3文字ずつズラしたものでした。たとえば攻撃目標が「urpd」とあれば、3文字だけ前に戻すと「roma」となり、「敵はローマにあり」となります。アルファベットは26文字あるので、最大26回（実際には25回）チェックすれば解読されてしまいます。

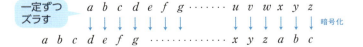

そこで、以下のように1文字ずつ対応を変えた暗号（換字）

があります。

```
デタラメ    a b c d e f g …… u v w x y z
にズラす    ↓ ↓ ↓ ↓ ↓ ↓ ↓    ↓ ↓ ↓ ↓ ↓ ↓
           l t w e p c o …………… v b n k s a
```

たとえば同じ「urpd」と書かれていても、最初の u には26通り、次の r には u の換字を除いた25通り、3番目の p には r と u の換字を除いた24通り、最後の d は23通り。結局、

$26 \times 25 \times 24 \times 23 = 358800$ （通り）

です。そして、26！は次のようになります。

$26! = 26 \times 25 \times 24 \times 23 \times 22 \times \cdots\cdots \times 3 \times 2 \times 1$

また、「$26 \times 25 \times 24 \times 23$」のように途中で終わる場合は、

$$26 \times 25 \times 24 \times 23 = \frac{26!}{22!}$$

のように表記することがあります。なぜなら、次のように計算できるからです。

$$\frac{26!}{22!} = \frac{26 \times 25 \times 24 \times 23 \times 22 \times 21 \times \cdots\cdots \times 3 \times 2 \times 1}{22 \times 21 \times \cdots\cdots \times 3 \times 2 \times 1}$$
$$= 26 \times 25 \times 24 \times 23$$

計算が面倒になるほど間違いも増えます。「階乗（！）」はそれをシンプルに表現するための道具の1つなのです。

● 第5問──「分母が0のときの計算ルールは？」

「5を0で割るといくつになるのか？」といった問題です。

いま、$\frac{5}{0} = x$ とします。ここで、両辺に0を掛けて、「$5 = x \times 0$」と書けるとすると、x がどんなに大きな数であっても、0

を掛けると0になり、5には永遠になりえません。0で割る計算を「不能」と言います。これをグラフで見てみましょう。

いま分母を0ではなく、「1 → 0.1 → 0.01 ……」のようにプラス側から0に近づけていくと、

$$\frac{5}{1} = 5 \qquad \frac{5}{0.1} = 50 \qquad \frac{5}{0.01} = 500 \quad \cdots\cdots$$

となります。分母が0に近づくほどに、値はどんどん大きくなっていきます（無限大に近づく）。

0に近づける方法はもう1つあります。それは「−1 → −0.1 → −0.01 ……」のようにマイナス側から近づいていくことで、

$$\frac{5}{-1} = -5 \qquad \frac{5}{-0.1} = -50 \qquad \frac{5}{-0.01} = -500 \quad \cdots\cdots$$

となり、マイナスの無限大に向かっていきます。

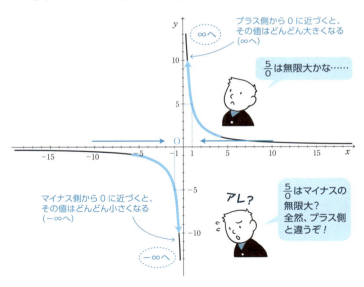

こう見てくると、プラス側から0に近づく場合と、マイナス側から0に近づく場合とではまったく異なり、0の瞬間の値が定まりません。そこで、分母が0の場合は計算不能となります。

● 第6問──「西暦0年はあるか、ないか？」

これは数学クイズというより、「決め事には、それぞれの都合によっていろいろな定めがある」という話です。

世界の暦年のほとんどは「紀元1年」から始まっており、「紀元1年の前年は？」というと、「紀元前1年」としています。つまり、「西暦0年はない」が一般的な答えです。

けれども、天文学の世界では「西暦0年」が存在します。紀元1年の前年（紀元前1年にあたる）を「西暦0年」と定め、通常の「紀元前2年（BC2年）」は「西暦−1年」です。1年ずつのズレがあります。

これは紀元前と紀元後にまたがる期間計算を簡便化するための処置です。よって、「西暦0年はある」も、分野によっては正しいことになります。0年を設けることで、計算がかんたんになります。

1-4 古代バビロニアの60進数

❯ 変換の知恵をもとう

　私たち日本人は、ふだん10進数の世界に生き、すべてが10進数で動いていると考えがちです。最大の理由は、メートル法の世界で生きているからです。メートル法は長さの単位をメートル、質量（重さ）の単位をキログラムとする、10進数による単位系です。

　けれども、ゴルフをされる人はご存じのように、「ヤード（長さ）」は1ヤード＝10フィート、1フィート＝10インチではなく、1ヤード＝3フィート、1フィート＝12インチという不思議な形で単位が変わっていきます。そのため、1ヤードは、

$$1(\text{yard}) = 3(\text{feet}) = 36(\text{inch})$$

となり、1インチはおよそ2.54cmですから、1ヤードをメートル法に直すと次のようになります。

$$1(\text{yard}) = 3(\text{feet}) = 36(\text{inch}) = 36 \times 2.54 \, (\text{cm}) = 91.44 \, (\text{cm})$$

　筆者（本丸）などは簡易的に、1ヤード≒90cmとし、1フィート≒30cm、1インチ≒2.5cmと概算しています。そうすると、メジャーリーグのフェンスに130（yd）と書いてあれば、130×0.9＝117で、「117mあるのか」と速算できます。

　現在、世界中のほとんどの国がメートル法に移行していますが、ヤード・ポンド法を採用している国や、混用している国も

あります。1983年にはエア・カナダ143便が高度約1万2000m（4万1000フィート）で燃料切れを起こしましたが、これはメートル法とヤード・ポンド法の混用によるヒューマンエラーが原因とされています。

このように単位換算を間違うと、大事故につながりかねません。10進法以外の知識も必要のようです。

● バビロニアに残されていた粘土板

次の絵は、古代のバビロン第1王朝（紀元前1830〜同1530年）時代につくられたとされる粘土板を簡略化して示したものです。「目には目を、歯には歯を」で有名なハンムラビ王はこの王朝時代に各地を征服したことでも知られています。

何が書かれている？

ヒント 60進数

最初の30は60進数の
30だから……
次の1, 24, 51, 10も
60進数の数字だとすると、
どう考える？
最後の42, 25, 35……は？

■ **この粘土板には何が書かれている？**

ここに書かれた数値はすべて60進数によるものです。そこでたとえば「30」という60進数の数値は$30_{(60)}$のように$_{(60)}$という添字をつけて書くことにし、現代風の10進数に書き換えると、

$$30_{(60)} = \frac{30}{60} = \frac{1}{2}$$

$$\boxed{1, 24, 51, 10} = 1 + \frac{24}{60} + \frac{51}{60^2} + \frac{10}{60^3} \quad \text{← 10進数に変換}$$

60進数
判読のため
カンマ挿入

$$= 1 + 0.4 + 0.0141667 + 0.0000463$$
$$= \boxed{1.414213}$$

になると考えられています。

1.414213が$\sqrt{2}$を指しているのは明らかです。すると、「正方形の1辺がxのとき、対角線の長さは1.414213倍すればいい」と解釈できます。実際に計算してみると、

$$\frac{1}{2} \times 1.414213 = 0.7071065$$

そこで粘土板に残った最後の数字「42, 25, 35」も60進数から10進数に直しておくと、

$$\boxed{42, 25, 35} = \frac{42}{60} + \frac{25}{60^2} + \frac{35}{60^3} \quad \text{← 10進数に変換}$$

$$= 0.7 + 0.0069444 + 0.0001620$$
$$= \boxed{0.7071064}$$

となり、結果が同じになります。

いまから4000年近く前の古代バビロン第1王朝の時代に、すでに正方形の1辺と斜辺との関係を知っていた、さらには$\sqrt{2}$を60進数を使って精緻に計算していた事実には驚愕します。

● 2進数と10進数の変換はどうする?

バビロニアの粘土板では60進数の数を説明なしに10進数に変換しました。ヤード・ポンド法だけでなく、2進数を10進数に、10進数を60進数に変換する方法を知っておけば、古文書を解読する仕事に就いた場合にも役立つかもしれません。

まず、10進数の1026は次のように分解できます。

$$1026 = 1000 + 000 + 20 + 6$$

3桁目の「0」をわざと000と表記しておきましたが、

$$1026 = 1 \times 10^3 + 0 \times 10^2 + 2 \times 10^1 + 6 \times 10^0$$

と書けます。これが10進数の原理なので、2進数の1001なら、

$$1001_{(2)} = 1 \times 2^3 + 0 \times 2^2 + 0 \times 2^1 + 1 \times 2^0 \quad \cdots\cdots\cdots\cdots ①$$

と書けます。1001の後に$_{(2)}$と小さく書いたのは、先ほどの60進数と同様、何進数かを区別するためです。$1026_{(10)}$、$524_{(7)}$と書いてあれば、10進数、7進数の数と考えてください。

では、2進数の$1001_{(2)}$を10進数の数に変換してみましょう。先ほどの①をそのまま計算すればいいのです。

$$\begin{aligned}1001_{(2)} &= 1 \times 2^3 + 0 \times 2^2 + 0 \times 2^1 + 1 \times 2^0 \\ &= 8 + 0 + 0 + 1 = 9_{(10)}\end{aligned}$$

● スカイツリー、富士山の高さを60進数で

【問題】古代バビロニアの人々に、東京スカイツリー(634m)と富士山(3776m)の高さを理解してもらうため、それぞれ60進数に書き換えてください。

【答え】 次のように計算すると、東京スカイツリーの634mは60進数で「10, 34」と書けます。

```
  60) 634
       10 …34
```
← 余り
10, 34 ← 60進数

というのも、このわり算で

$634 = 10 \times 60 + 34 = 10 \times 60^1 + 34 \times 60^0$

となるので、60進表記すると、

$10, 34_{(60)} = 10 \times 60 + 34 = 10 \times 60^1 + 34 \times 60^0 \ (= 634)$

となります。

この表記は、上の計算の青色の矢印にしたがって数字を書いていったものです。

富士山(3776)の場合、下の計算のわり算を書き下すと、

$3776 = 62 \times 60 + 56 = (1 \times 60 + 2) \times 60 + 56$
$= 1 \times 60^2 + 2 \times 60^1 + 56 \times 60^0$

となります。

```
  60) 3776
  60)   62 …56
         1 … 2
```
余り
1, 2, 56 ← 60進数

ですから、3776は60進表記で、1, 2, 56$_{(60)}$ と書けます。

この表記も、上の計算の青色の矢印にしたがって数字を書いていったものです。

つまり、ある数を60進表記にするためには、その数を60で割って、その商をまた60で割って……を繰り返し、最後の商から上に上がるように余りを書いていけばよいのです。

計算の手間を省く数列

次の問題は数えるだけで解けてしまいますが、もっと面白い解き方を考えて解いてみてください。

【問題】いま、次の図のような5段の石段がある。全部でいくつの石でできているか。

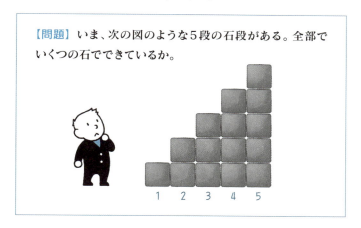

【答え】 単純に 1 + 2 + 3 + 4 + 5 = 15 なので、答えは15。

正解です。けれども、このとき先生が「できたの？ じゃあ次は、1 + 2 + 3 + ……+ 100 を計算して。それもできたら 1 + 2 + 3 + ……+ 2402 もやってみて」と言ったらどうでしょうか。

● 図で考えると、計算方法のアイデアも湧く

ふつう、人は同じような計算を繰り返すのは苦手ですし、疲れると間違いやすくなります。もっとラクな方法、応用の利くやり方を見つけられると嬉しいものです。

そこで、かんたんな 1 + 2 + 3 + 4 + 5 を使って再度考えてみ

ましょう。同じ 1 + 2 + 3 + 4 + 5 の石段をもう 1 つもってきて、ひっくり返して合わせてみます。

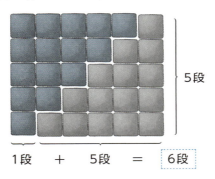

■ 5×5ではなく、5×6になることに注意!

すると、タテが 5 段、ヨコが（1 + 5）段 = 6 段の長方形ができ上がります。ここにある石は全部で 5 × 6 = 30 個。そして元の 2 倍あるので、30 ÷ 2 = 15 個です。

同様に、1 + 2 + 3 + …… + 9 + 10 の場合も計算でき、

$$1 + 2 + 3 + \cdots\cdots + 8 + 9 + 10 = \frac{10 \times (10+1)}{2} = 55$$

です。これは 20 段積みでも、120 段積みでも、同じように計算できるので、n 段積みの場合は、次のように表せます。

$$1 + 2 + 3 + \cdots\cdots + n = \frac{n \times (n+1)}{2} \quad \cdots\cdots ①$$

公式は、同じような計算をする場合に便利なのです。

● ガウスより早かった『塵劫記』の俵杉算

1627 年に著された江戸時代の数学書『塵劫記』(吉田光由)には、俵杉算という名前でこの計算法が出てきます。

「俵が上から1俵、2俵……と積まれており、一番下段が13俵だったとき、全部で何俵あるか」という問題です。これは①の式で段数が13($n=13$)なので、

$$\frac{13 \times (13+1)}{2} = \frac{13 \times 14}{2} = 13 \times 7 = 91 \text{(俵)}$$

です。面白いのは、先ほどのアイデアがすでに『塵劫記』にも使われていることです。

ドイツの数学者ガウス(1777～1855年)は、エピソードに事欠かない人物ですが、「1～100を足しなさい」という先生の指示に対し、「できました!」といち早く答える話があります。ガウスもこの『塵劫記』と同様の考えで解いたとされますが、『塵劫記』は1627年の著作ですから、少年時代のガウスの天才ぶりを示すエピソードではあっても、この解法自体はそれ以前から広く知られていたと言えるでしょう。

●「数の並び」が数列

石積みや俵積みの問題は、「1、2、3、4、5……」という数の並びでしたが、このような「数の並び」のことを「数列」と言います。この場合、前の数と後ろの数の差はいつも「1」でした。

このように「前後の数の差」が一定の数列を「等差数列」と言います。しかし、差が1ではないケースもあります。

　　2、4、6、8、10、□、14、16、□、20、22 ……
　　5、8、11、14、□、20、□、26 ……

最初の数列は最初が2、その後は2ずつ増えていく等差数列で、次の数列は最初が5、その後は3ずつ増えていく等差数列です。ですから、最初の数列の2つの空箱には12と18が入り、後の数列の2つの空箱には17と23がそれぞれ入ります。

なお、数列は、最初の項を「初項（1項）」と言い、前の項と後ろの項の差を「公差」と呼んでいます。

後の数列の場合、初項＝5、公差＝3なので、n項目（一般項）は「一般項＝初項＋$(n-1)$×公差」とわかります。ただ、毎回「一般項、初項、公差」と書くのは面倒なので、一般項＝a_n、初項＝a、公差＝dとして、次のように書きます。

$$a_n = a + (n-1)d \quad \text{……②}$$

この場合も俵杉算と同じように計算できます。

経済の「乗数効果」は等比数列の和

あるエコノミストが、次のような講演をしています。

「我が国は現在、未曾有（未だ曾て有らず）の不況下にあり、それを克服するためにも、公共投資が必要である！」

なぜ、公共投資をすると不況を脱することができるというのでしょうか。それは次のような理屈で説明されています。

いま、国家が1億円の公共投資をしたとき、その仕事を受注した企業（1億円の収入）は所得を増大させ、その8割を新たな支出に回し、その恩恵（8000万円増）を受けて所得を増やした企業も同様に8割を支出増に回し、さらにその恩恵を受けた……と考えていくと、最初の1億円は、1億円に留まらず、

$$1億円 + 8000万円 + 6400万円 + 5120万円 + \cdots\cdots$$
$$= (1 + 1 \times 0.8^1 + 1 \times 0.8^2 + 1 \times 0.8^3 + \cdots\cdots)億円$$
$$= 5億円$$

なぜ5億円になるかは、すぐに説明します

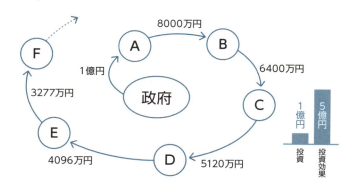

の効果をあげるわけです。最初に1億円を投資したのが、まわり回って5億円の効果があると考えるため、これを「乗数効果」と呼んでいます。

● 乗数効果の計算、どうやってする？

最初の1億円が雪だるまのように増えていく、というありがたい話ですが、先ほどの計算途中を見ると「……」と書いてあって、ごまかされた感じもあります。

本当に5億円になるのか、なぜ5億円になるのか、その計算方法を知りたいところです。それが「等比数列」と呼ばれるものです（前項の話は「等差数列」でした）。等比数列とは、

$a_1, a_2, a_3, a_4, a_5, \ldots\ldots a_n, \ldots\ldots$

において、ある項の前の項に一定の値 r を掛けるとその項になり、さらに r を掛けると次の項の値が得られていく数列のことです。そして、この r を「公比」と言います（前項の話では「公差」でした）。

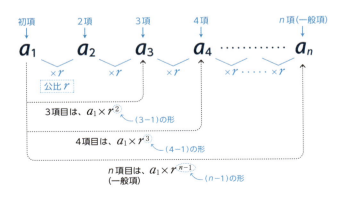

このため、等比数列は次のような関係にあります。

$a_1 = a$
$a_2 = a_1 r = ar$
$a_3 = a_2 r = ar^2$
$a_4 = a_3 r = ar^3$
$\vdots$
$a_n = a_{n-1} r = ar^{n-1}$

ここで、これらをすべて加えた等比数列の和 S はどうなるかというと、

$$S = a + ar + ar^2 + ar^3 + \cdots\cdots + ar^{n-1} = \frac{(1-r^n)a}{1-r}$$

となります。

なぜそうなるのかというと、ここで1つのテクニックを使います。この S に r を掛けたものを S から引くのです。すると、

$$\begin{array}{r} S = a + ar + ar^2 + ar^3 + \cdots\cdots + ar^{n-1} \\ - rS = \phantom{a +{}} ar + ar^2 + ar^3 + \cdots\cdots + ar^{n-1} + ar^n \\ \hline S - rS = a \phantom{{}+ ar + ar^2 + ar^3 + \cdots\cdots + ar^{n-1}} - ar^n \end{array}$$

ここで左辺は S で、右辺は a でくくると、

$(1-r)S = (1-r^n)a$ $\quad\therefore S = \dfrac{(1-r^n)a}{1-r}$

これで等比数列の和を求める準備ができました。いま、政府が1億円を投資し、それが8割ずつ再投資されていくとすると、$a = 1$ 億円、$r = 0.8$ となるので、

$$S = \frac{(1-0.8^n)}{1-0.8} \times 1 = \frac{1-0.8^n}{0.2} \text{（億円）}$$

ここで分子の $(1-0.8^n)$ の 0.8^n は、n をどんどん大きくしていくと 0 に近づくので（$0.8^n \to 0$）、結局、$1-0.8^n = 1$ と考えれば、S は次のように計算され、最初の 1 億円が 5 億円になるという乗数効果が計算されました。

$$S = \frac{(1-0.8^n)}{1-0.8} \times 1 = \frac{1-0.8^n}{0.2} = \frac{1}{0.2} = 5 \text{（億円）}$$

たしかにこの通りに最初の投資金額が雪だるま式にうまく回った時代もあったのかもしれませんが、企業の先行きの業績が見通せなくなったり、企業の体力が弱っていると、公共投資で得た売上や利益を必ずしも、次の設備投資や給与増などに回し、その設備投資や消費が次に、また……と回っていくとは限らなくなってきているようです。

たとえば、公共投資を受けた企業が 8 割（公比 0.8）を回すどころか、1%（公比 0.01）しか回さないとすると、

$$S = \frac{(1-0.01^n)}{1-0.01} \times 1 = \frac{1}{0.99} = 1.0101 \text{（億円）}$$

で、1 億 101 万円。つまり、101 万円しか増えません。

次に、公共投資ではなく、身近な銀行利子との関係で、もう一度、等比数列の利便性を考えてみましょう。

7 複利の恐るべきパワーを知る

❯ コツコツ貯めていった結果は等比数列で

　毎年、5万円ずつを10年間、銀行に預けていくとして、利率（年利）を3％の複利とします。すると、1年目の預金は10年間フルに預けることになり、2年目の預金は9年間、3年目の預金は8年間……、そして9年目は2年間、10年目は1年間だけ預けることになるので、次ページの表のようになります。

　結局、10年後（11年目）に受け取る総額は、これらすべてを足したものとなります。ここで、1年目を初項として

　　初項　$50000 \times (1+0.03)^{10}$

と考えるよりも、最後の10年目を初項として、

　　初項　$a = 50000 \times (1+0.03)$

　　公比　$r = (1+0.03)$

と、逆に考えていったほうが少し考えやすそうです。

　そうすると10年間の積立金は、

$$S = 50000 \times (1+0.03) + 50000 \times (1+0.03)^2$$
$$+ 50000 \times (1+0.03)^3 + 50000 \times (1+0.03)^4$$
$$+ \cdots\cdots + 50000 \times (1+0.03)^{10}$$

となります。

年	預入れ期間	金額
1年目	10年間	$50000 \times (1+0.03)^{10}$
2年目	9年間	$50000 \times (1+0.03)^9$
3年目	8年間	$50000 \times (1+0.03)^8$
4年目	7年間	$50000 \times (1+0.03)^7$
5年目	6年間	$50000 \times (1+0.03)^6$
6年目	5年間	$50000 \times (1+0.03)^5$
7年目	4年間	$50000 \times (1+0.03)^4$
8年目	3年間	$50000 \times (1+0.03)^3$
9年目	2年間	$50000 \times (1+0.03)^2$
10年目	1年間	$50000 \times (1+0.03)$

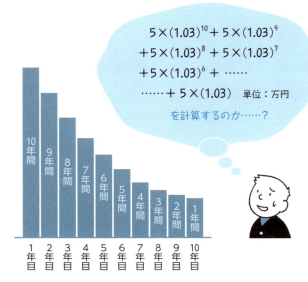

$5 \times (1.03)^{10} + 5 \times (1.03)^9$
$+ 5 \times (1.03)^8 + 5 \times (1.03)^7$
$+ 5 \times (1.03)^6 + \cdots\cdots$
$\cdots\cdots + 5 \times (1.03)$ 単位:万円

を計算するのか……?

■ 10年間、5万円ずつ預金するとどれだけ貯まるか？

前項で導き出した、

$$S = \frac{(1-r^n)}{1-r}a$$

という公式を利用すると、次のように計算されます。

$r=1.03$ $n=10$ $a=50000\times1.03$

$$S = \frac{(1-r^n)}{1-r}a = \frac{1-1.03^{10}}{1-1.03}\times(50000\times1.03)$$

$$\fallingdotseq \frac{1-1.3439}{1-1.03}\times(50000\times1.03)$$

$$= \frac{-0.3439}{-0.03}\times(50000\times1.03)$$

分母、分子がマイナスになっても、互いに打ち消し合う

$$= 11.463\times(50000\times1.03)$$

$$= 590361$$

9万円の利息だけ？

前項の乗数効果では5倍ものバックがありましたが、今回は比較的少ない利息でした。ちょっとガッカリです。

なお、金融業界ではよく知られていることですが、「70（または72）を利率で割ると、2倍になるまでの年数がわかる」と言われています。バブル期のように7％の利率なら $70 \div 7 = 10$ 年で2倍になります。1％なら $70 \div 1 = 70$ 年、現在のように0.05％ぐらいなら $70 \div 0.05 = 1400$ 年です。

たいへんな計算も、ちょっとした数学の知識があるだけで、先を見通せながら、しかもかんたんに求めることができるのです。

すごく誤解の多い？
有効数字の考え方

Aさん、Bさんがそれぞれの自宅にあるデジタル体重計で量ったところ、Aさんの体重計は精度が低く「68kg」までしか表示されなかったのに対して、Bさんの体重計は少し精度が高くて「68.0kg」まで表示されたとします。

この場合、「2人とも68kgで違いはなかった」と考えがちですが、本当にそうでしょうか。計測には誤差がつきものですが、2人の場合、誤差の範囲がかなり違います。つまり、

Aさん 68kg　　→　　67.5 kg　≦　体重　<　68.5 kg
Bさん 68.0kg　→　　67.95 kg　≦　体重　<　68.05 kg

ということですね。図で表すと、次のようになります。

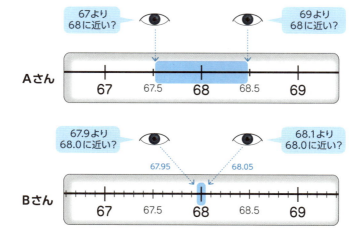

Aさんの場合には最大で1kgもの誤差範囲がありますが、Bさんの場合は誤差の範囲が0.1kgと大幅に狭まっています。これなら少しぐらい高い体重計を買っても、十分にペイするかもしれません。

● どんなものにも誤差はある

「68kgも68.0kgも同じだ!」という誤解をしないためには、アナログ計に親しんでおくのがお薦めです。デジタル計の場合は「数値」しか出てこないため、ついついその数値を「絶対、間違いない!」と考えがちです。けれども、アナログ体重計に乗ってみると、下の図のように、「誤差がある」ということを前提として数字を考えることができるからです。

● この数字、どこまで信頼していいのか?

実は、どんなに高精度な計測器を使ったところで、数値の測定には「誤差」がつきまといます。

そこで、測定した値に対して「誤差の範囲」が誰にも正確に伝わるようにしておく必要があります。そうでないと、「この数字をどこまで信頼してよいのか」がわかりません。「ここまでは信頼できる」という数字を「有効数字」と言い、その桁数を「有効桁数」と呼んでいます。

Aさんの68kgの有効数字は「6、8」の2つまでで、有効桁数は「2桁」となります。最後の「8」は、その後ろの桁で四捨五入した結果なので、「67.5≦Aさんの体重＜68.5」だな、と見当をつけられます。Bさんの場合は68.0kgでしたから、有効数字は「6、8、0」の3つで、有効桁数は「3桁」です。当然、最後の「0」の次の桁で四捨五入したと考えられるので、「67.95≦Bさんの体重＜68.05」の範囲と推測できます。

● 陥りやすい有効桁数の判断ミス ── 0.0012は5桁？

　有効数字については、以下のような問題を解いてみると、理解が深まるはずです。

【問題】次の測定値の有効数字、有効桁数を答えてください。

（1）　2.734 kg

（2）　0.000538 g

（3）　3776 m

　（1）〜（3）はすべて測定値ですから、これらの数値には一定の「誤差」があると考えられます。

　（1）の有効数字は「2、7、3、4」で、有効桁数は「4桁」です。ただし、2.734の最後の「4」は、その後ろの桁で「四捨五入」した結果「4」になったという意味ですから、（1）の本当の値は「2.7335≦（1）＜2.7345」の間にある、という意味です。

　ところで、「4桁」というと、私たちは「2734」のような「千の桁」を含んだ数を思い浮かべますが、有効桁数の「4桁」とはあくまでも「有効数字が4つある」という意味であって、元

の数が「千の桁」かどうかは無関係です。あくまでも「信用してよいのはアタマから4つの数（桁）」という意味です。

（2）も同様に、有効数字は「5、3、8」で、有効桁数は「3桁」です。

0.000538という数値はあくまでも測定値ですから、誤差があると考えられます。0.000538の最後の「8」はその後ろの桁で四捨五入した結果なので、実際には「$0.0005375 \leq (2) < 0.0005385$」という意味。

ここで間違いやすいのは、有効数字を最初の「0」も含めてしまい、「0、0、0、0、5、3、8」とし、有効桁数を「7桁」と考えることです。アタマにつく「0」は位取りのためのものであり、有効数字には含めません。「0」以外の数値が出てきたところから考える、それがいわば「有効数字のルール」です。

ですから、0.000538を「5.38×10^{-4}」と書いてあっても同様で、有効数字は「5、3、8」で、有効桁数は「3桁」となります。

（3）はかんたんですね。有効数字は「3、7、7、6」で、有効桁数は「4桁」です。測定値が3776mというのは「$3775.5 \leq (3) < 3776.5$」という意味ですね。

なお、有効数字に関連した話ですが、数字の扱いでやたら「約」をつけたがる人がいます。「月までの距離は38万km」と言うと、「それは『約38万km』と言うべきではないでしょうか」と追及され、返事に窮することがあります。

実社会では細かな桁までこだわるより、国や会社の予算などでは「アタマ3桁」をすぐに口に出して言えるほうが大事だと思います。有効数字でいえば「3桁」の概算です。

第2章 「カバリエリの方法」で面積・体積を見ると様変わり！

なぜ長方形の面積は「タテ×ヨコ」？

中学受験が盛んです。ある小学生の場合、4年生の途中から入ろうとして入塾テストを受けたのですが、学校ではまだ習っていない面積の問題が出て面食らったそうです。

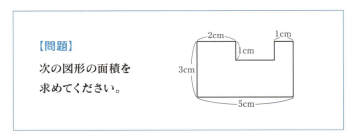

【問題】
次の図形の面積を求めてください。

上のような問題だったようで、「面積」を知らないためか、周りを足して、凹んでいる長さを引いて……と、処理に迷ったとのこと。

ちなみに、答えは13cm²です。上部の凹んでいる部分が1cm×2cmの長方形ですから2cm²。それを3cm×5cmの大きな長方形の面積から差し引きます（15 − 2 = 13cm²）。方法は他にもあります。

● 公式の暗記よりも、ずっと便利なことがある！

ただ、面積を計算できる人も、「なぜ、長方形（または正方形）の面積はタテ×ヨコなのか？」と聞かれると、多くの人は答えられません。さらに、「菱形の面積の公式は？」なんてことを聞かれても、たいていは覚えていません。公式の暗記には限度が

あるし、暗記ばかりでは面白くありません。

でも、たった1つのことを知っているだけで、面積の公式をイモヅル式に生み出せ、面白さも倍増します。それは……。

「<u>タテ1・ヨコ1の大きさを1単位</u>」（単位正方形）

とするのが面積の原点だ、ということです。このことを知っていれば、「面積とは、1単位がいくつあるか」を数えるだけで済む、とわかります。たとえば下の水色の長方形の面積も、「1の単位面積がいくつあるか」と考えればいいので、

長方形の面積 = タテ × ヨコ

とわかります。これが「すべての面積のキホン」です。

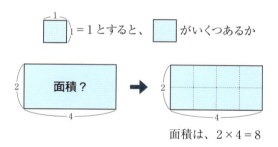

面積は、2×4 = 8

■「1単位がいくつあるか」が面積のおおもと

● 図形を長方形に変え、イモヅル式に！

三角形や台形、平行四辺形の面積などは、斜辺があるため「タテ・ヨコ1単位」の単位正方形として数えられそうにありませんが、これらの図形は、実は長方形の変形にすぎないのです。ですから、次ページ以降のように長方形に変形すれば、イモヅル式に自分で面積の公式を導き出すことが可能です。

たとえば、三角形（下図左）は長方形とは無縁のように思いますが、垂線で2つの直角三角形に分け、それをもう1セットつくり、合わせてみます。すると長方形になるので、三角形の面積は、タテ×ヨコ÷2です。三角形の場合、「高さ・底辺」という名前があるので、次のようになります。

　三角形の面積 ＝ 底辺×高さ÷2

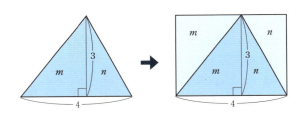

　平行四辺形も同様で、その一部を下図のように平行移動させると、「平行四辺形＝長方形」に早変わりし、

　平行四辺形の面積 ＝ 底辺×高さ

とすぐにわかります。とてもラクチンです。

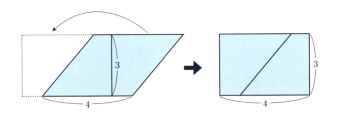

■ 平行四辺形は切って移動させて「長方形」に変形

◯ 菱形だってかんたん！

菱形の面積も見ておきましょう。下の図を見ると、菱形が対角線で2つの三角形に早変わりしますね。

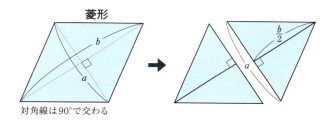

■ **菱形の面積は「三角形×2」で考える**

1つの三角形の面積は、$\dfrac{a \times (b/2)}{2} = \dfrac{ab}{4}$ なので、

菱形の面積 $= \dfrac{ab}{4} \times 2 = \dfrac{ab}{2}$

このように、さまざまな図形の面積は、ゲームやクイズをしているようにイモヅル式に導けます。面積の公式をすべてマル暗記する必要など、ありません。それに、同じ図形の面積でも、求め方は1つとは限りません。自分で公式や解法を考え出していくことで、面積への理解も深まるのです。そして、

「もっとラクチンに解く方法はないのか？」

と考えて工夫することこそ、数学の能力を引き上げる最も有効な方法です。この考え方は、仕事や生活の改善にも結びつきます。

2　台形の面積を3つの方法で考える

　もう1つ残った台形も、イモヅル式で考えてみましょう。

　台形というと、一時期、「小学校の学習指導要領から『台形の公式』がなくなった」と大騒ぎになったことがあります。筆者（岡部）は教育内容を削減する「ゆとり教育」には反対の立場でしたが、「台形の公式」が教科書になくても、自分で考え出すことができるなら、むしろ歓迎すべきことと思っていました（実際には、それを考え出すことまで封じられる可能性がありましたが）。

　このように何かと話題の多い台形ですが、その面積の公式をいろいろな考え方で見てみましょう。

【問題】

右図の台形の面積を、いろいろな工夫をして求めなさい。

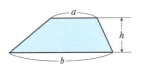

● 解答1……2つを組み合わせる発想から

　上の台形と同じものをもう1つ用意します。それをひっくり返して組み合わせると、平行四辺形ができ上がります。

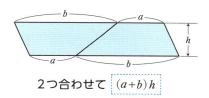

2つ合わせて $(a+b)h$

■「台形×2＝平行四辺形」がヒント

高さは h で共通です。底辺は $(a+b)$ ですから、「上底＋下底」が全体の底辺になります。2つ合わせた面積（平行四辺形）は、「底辺×高さ」でしたから、$(a+b) \times h$ です。ただし、求める台形はその半分なので、2で割って、

$$台形の面積 = \frac{(a+b) \times h}{2}$$

となります。つまり「(上底＋下底)×高さ÷2」です。

● 解答2……半分に割る発想で

台形を図のように2つの三角形に分割します。

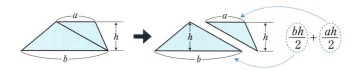

2つの三角形の面積は、底辺が a と b、高さがともに h なので、すぐに $\frac{ah}{2}$、$\frac{bh}{2}$ と計算できます。この2つを加えて、

$$\frac{ah}{2} + \frac{bh}{2} = \frac{(a+b) \times h}{2}$$

● 解答3……斜線を垂直な線にする発想

筆者(岡部)が最も好きなのがこの方法です。

左下の図をごらんください。2つの斜めの線(右側、左側)の中点を通り、底辺に垂直な線を引き、台形の一部を切り取ります。切り取ったかけらを上のほうにくっつけると、右下の図のような長方形になります。

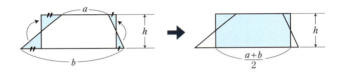

その長方形の高さはhで、ヨコの長さは$\dfrac{a+b}{2}$ですから、この面積は、$\dfrac{(a+b) \times h}{2}$ となります。

このように正方形、三角形、平行四辺形など、やさしい図形の面積について、いろいろと工夫しながら新たな求め方をひねり出してみると、数学の面白みも倍増します。

● イモヅル式からカバリエリの方法へ

ここまで紹介してきた「イモヅル式」は便利な方法ですが、実はもっと直感に訴える、面白い方法があります。それが「**カバリエリの方法**」です。この方法を知っていると、後で積分を勉強するときにも、とても役立つので、次項以降で、「カバリエリの方法」とはどういうものか、説明していきましょう。

2-3 酒樽への関心から積分が生まれた？

　面積を考える際、最初は1辺が1の「単位正方形」からイモヅル式に始めたのですが、いろいろな長方形を考えていくと、単位正方形ではおさまりがつかなくなって、

　　「タテ×ヨコ」

の公式に一般化しました。このように数学では、ちょっとした思考の飛躍によって、一気に適用範囲が広がることがあります。ここで、そのための道具をもう1つ用意します。それが<u>「図形を細かく切って面積を出す方法」</u>です。

❯ 細かく切って面積・体積を考える

　意外かもしれませんが、「酒樽の体積を考える」というのは、数学者の昔からのターゲットの1つでした。酒樽は単なる円柱形ではなく、真ん中が微妙に膨らんでいます。その微妙な曲線を描く表面積、体積をどうすれば見積もれるか……これが難問だったのです。

　この問題に対し、アルキメデス（紀元前287〜同212年）は「図形を細かく切って面積・体積を出す」という独特の方法を考え出しました。この「細かく切って」という計算法は、後世のケプラー（1571〜1630年）、カバリエリ（1598〜1647年）、ガウス（1777〜1855年）などによる酒樽の体積の考察に活かされていきます。

　ケプラーは「ワインの量が少ないのでは？」と疑問をもったことから『ワイン酒樽の容積』（1615年）を書き、「水平な平面

で薄くスライスし(右下の図)、その断面積を調べていけばよい」と考えました。

また、カバリエリは1635年の『不可分者による連続体の新幾何学』で、酒樽のような曲面で囲まれた物体の体積を調べる方法を記しています。

樽のスライス

さらに、ガウスはなんと子どもの頃に、「酒樽の体積はスライスして薄い円盤にし、それを積み重ねればよい」と言った、と伝えられています。カバリエリやガウスの方法を見ると、もはや「積分の概念に到達していた!」と言えるでしょう。

よく、「ニュートン(1642〜1727年)、ライプニッツ(1646〜1716年)が微積分を生み出した」と言う人がいますが、それは間違いで、「集大成した」と言ったほうが的を射た表現でしょう。

というのも、紀元前3世紀には、アルキメデスがすでに積分の概念に到達していたと考えることもできるからです。

逆に微分の概念は、デカルト(1596〜1650年)、パスカル(1623〜1662年)、フェルマ(1607または1608〜1665年)の時代まで待たねばなりませんでした(ニュートンの少し前です)。

微積分については、最後の第7章で扱います。ここからはイモヅル式から離れ、カバリエリの方法を用いて、面積と体積を考えていくことにしましょう。

2-4 カバリエリの方法で面積を見直す

◎ 三角形を長方形に変形する！

では、カバリエリの方法で、三角形、四角形（代表として平行四辺形）の面積を見ていきましょう。まず、下のような三角形を、細かく切り刻んで細い帯のようにします。

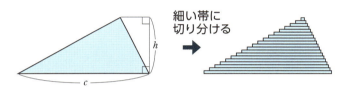

次に、真ん中の帯に合わせて上下を揃えてやります。すると、三角形だった図形が長方形に変わります。横幅の長さは「真ん中の帯の長さ」になり、$\frac{c}{2}$ です。

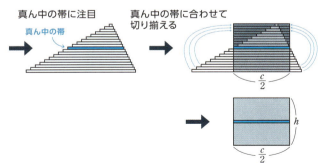

■ 三角形が長方形に変身！

ですから、でき上がった長方形の面積は、$\frac{ch}{2}$ と計算されます。これは三角形の面積の公式です。

● 平行四辺形を細かく細かく切り刻む

四角形の代表として、平行四辺形をカバリエリの方法で変形してみましょう。平行四辺形が長方形の面積と同じになることが、実にかんたんにわかります。

まず、下図左の平行四辺形を先ほどの三角形と同様、細かく、細かく切り刻んで細い帯状にします。両端を揃えると、長方形に早変わりしますね。

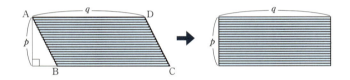

● カバリエリの方法は自由で楽しい考え方

もちろん、「帯に切り分けると、両端がギザギザしているから不正確だ!」という意見もあるでしょう。けれども、<u>無限に細かくしてしまえば同じ</u>と考えることもできます(これが積分の発想につながります)。

数学は論理には厳しいのですが、「直線は無限に伸ばせる」など、現実世界では無限に伸ばせなくても、それを想定する自由な側面があるのです。カバリエリの方法を通じて、数学のそんな自由で楽しい考え方を体験できると思います。

5 円の面積をどう求めた？

● πという無限に続く小数

次に、「曲線で囲まれた面積」の代表として「円」に挑戦してみます。円は曲線なので、「タテ×ヨコ」とはいきません。

少し脱線しますが、円周率π（パイと読む）のエピソードから話を進めましょう。円周率とは「円周の率」、つまり「円周と直径の比」のことをいいます。ですから、

$$\text{円周率 } \pi = \frac{\text{円周の長さ}}{\text{直径}}$$

ここで「円周の長さ」（右辺の分子）を求めてみます。なお、分母の「直径」は「半径の2倍」なので、半径を r とすると、

$$\text{円周の長さ} = \text{直径} \times \pi = (2 \times \text{半径}) \times \pi = 2\pi r$$

こうして、おなじみの「$2\pi r$」の式が出てきました。

π（円周率）は実際には3.14159265358979……と無限に続く小数ですが、私たちは「π＝3.14」と覚えています。この3.14は紀元前3世紀に、三大数学者の1人アルキメデス（他はニュートン、ガウス）が正96角形の周の長さを用いて、円の内側・外側から近似して求めたものです（次ページの図を参照）。

その後も、円周率への挑戦は続きます。まず、ドイツのルドルフ（1540～1610年）が有名で、正 2^{62}（＝ 約461京1686兆）角形を使ってπを35桁目まで計算し、弟子が墓碑にその値を、

「3.14159265358979323846……」

と刻みました。このため、ドイツでは円周率のことを「ルドルフの数」と呼ぶこともあるそうです。

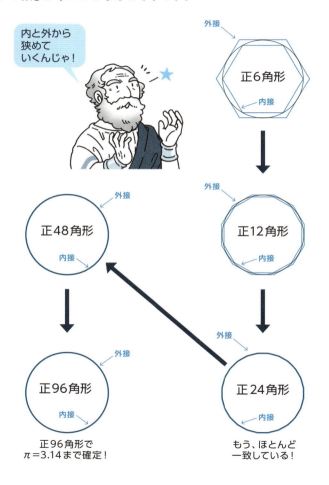

■ アルキメデスの「正6角形」からπに接近する方法

● 関孝和、建部賢弘の大貢献

日本人も円周率競争では負けていません。江戸時代の和算家・関 孝和（1642〜1708年）は小数第16位まで円周率の計算をしましたが、弟子の建部賢弘（1664〜1739年）は、正 2^{10}（= 1024）角形で、小数第42位まで求めました。つまり、ルドルフの 2^{62} 角形に対し、2^{10} 角形というかなり省力化した計算でルドルフ以上の成果を残せたのは、彼が「累遍増約術」（数値的加速法：20世紀に入って「Richardson補外」と呼ばれるようになりました）という手法を開発したからです。

近年では、円周率といえば、日本の金田康正さん（1949年〜）がコンピュータを使って、次々に記録を塗り替え、すでに1兆桁を優に超えています。

● 円の面積 —— どう習った？

さて、円周率について話をしてきましたが、本題の「円の面積（曲線で囲まれた面積）をどう求めるか」に戻りましょう。

大学生に「なぜ、円の面積は πr^2 となるのですか？」と尋ねてみると、多くの学生が「円の面積は、円周率の定義から出てきます」と答えます。そうでしょうか？

残念ながら、違います。円周率とは、この項の冒頭でも述べたように、あくまでも「円周と直径の比」として決めただけのもので、円の面積については何も触れられていないからです。ですから、円の面積に関しては、別途、考え直す必要があります。

筆者（岡部）が小学生の頃には、円の面積が πr^2 になる理由が、次のような形で説明されていました。

① 円の中心で細かい扇形に分割してから、それを並べ替えていくと、長方形に近づいていく
② その長方形のタテは半径r、ヨコは円周の長さ（$2\pi r$）の半分でπr
③ よって、長方形の面積の公式（タテ×ヨコ）から、円の面積はπr^2

というわけです。これが従来の説明法でした。

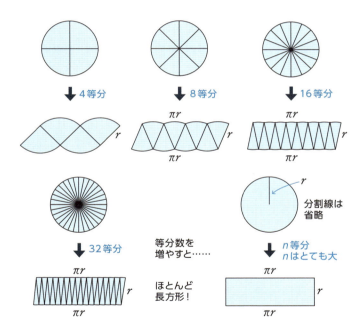

■ 円を扇形に切ってから並べ替えると「長方形」に

カバリエリの発想で円の面積を見直す

◉ トイレットペーパーで円の面積を求める

円の面積を求める方法としては、前項のやり方でも問題はありません。けれども、筆者（岡部）は以下のカバリエリの発想で考えることを薦めています。

まず、円を同心円状に細かく分けます。見た目はトイレットペーパーの断面図のようですね。

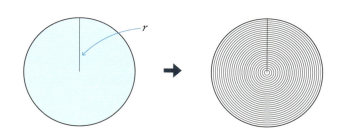

■ 円を同心円状に細かく分ける

このトイレットペーパーを平らな床の上に置き、上のほうの半径に沿ってカットします（次ページの図）。

すると、パタパタと円の上部から崩れていき、それらが積み重なって三角形になるのです。

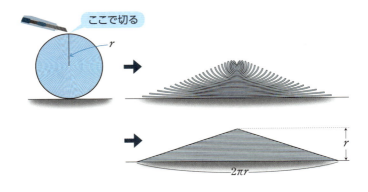

■ 上から切ると、パタパタと落ちて三角形に……

● 曲線の面積を直線で表せた？

こうして、円という曲線で囲まれた図形の面積を、三角形の面積に変換できたわけです。なんと「底辺の長さ×高さ÷2」という、直線を使った形で計算できてしまいます。

こうして、$2\pi r \times r \div 2 = \pi r^2$と、非常にかんたんに円の面積が出てくるのです。かんたんなアニメにでもすれば、「なるほど！」と思わず"ナットク"（ガッテン！）してもらえるでしょう。なお、筆者（岡部）が監修したパナソニックセンターリスーピア（東京・有明）の3階で、そのアニメが上映されています。

このように、数学を勉強することは「できるだけ簡易な方法を考え出すためのトレーニング」にもなるのです。

2-7 樽の体積？スライスして考える！

● 立体にはどんなものがある？

面積の話をしてきたので、次に立体の体積をカバリエリの方法を使って考えてみましょう。立体には三角柱、四角柱、円柱などの「柱（ちゅう）」と、三角錐、四角錐、円錐などの「錐（すい）」と呼ばれるものがありました。さらに「球」もありますね。

「柱」は底面がそのまま上に伸びていったものなので、

柱の体積 = 底面積 × 高さ

でかんたんです。"ナットク"できます。

● 酒樽をスライス ⇨ 「体積＝面積×厚さ」

不思議なのは「錐の体積」のほうです。小学校の頃から、「三角錐の体積は、三角柱の $\frac{1}{3}$」のように教えられてきました。これをカバリエリの方法で考える前に、本章 ❸ の「酒樽のスライス」の話をもう一度思い起こしてください。

多くの数学者は、下のような酒樽の体積（真ん中が膨れている）を求めたかったのでした。

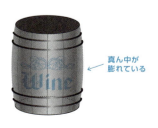

← 真ん中が膨れている

カバリエリ、ケプラー、ガウスなどのアイデアは、図のように超薄にスライスすればよい、というものでしたね。

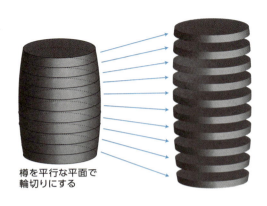

樽を平行な平面で
輪切りにする

■ **樽をスライス → 超薄の円柱がいっぱい**

　この超薄で均等にスライスしたものを1つひとつ切り離してみると、少しずつ大きさが変化する薄い円盤状の立体となります。ここで円盤の「底面積」をすべて加えたものに、「厚さ」（高さに相当）を掛けてやれば「体積」になります。

　つまり、スライスの厚さを決めてしまえば、立体の切り口の面積によって、体積が決まってしまうということです。

2-8 すいの体積は「底面積×高さ」で

前項で超薄にスライスする話をしたので、いよいよ、錐の体積の公式を説明しましょう。

下の図の3つの立体は、それぞれ、どの高さの水平面で切っても、頂点に近づくと縮小するような、底面と相似な図形が出てきます。このような立体を「錐」と呼びました。なお、「錐」はむずかしい漢字なので、筆者（岡部）は「すい」と書くことにしています（以下「すい」で）。

いま、下のような3つの「すい」があるとします。左が四角すい、真ん中が円すい、右は凹みのある（いびつな）すいです。

この3つのすいの共通点は、「底面積がすべて S」「高さがすべて h」という2点だけです。このとき、3つの体積はそれぞれどのようになるでしょうか。

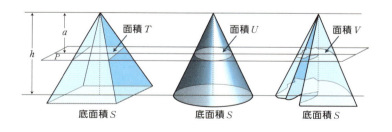

■ 3つの共通点は「底面積」と「高さ」が等しいこと

● カバリエリの方法を適用する

いま、頂点からの距離 a の、底面に平行な平面 P でこれらの立体を切ったとき、図のそれぞれの切り口の面積を、左から T、U、V とします。この T、U、V はどうなるかというと、底面の図形と平面 P で切った図形の相似比は、

$h : a$

で、面積比は相似比の2乗になるので、それぞれ、

$S : T = h^2 : a^2$、$S : U = h^2 : a^2$、$S : V = h^2 : a^2$

となります。つまり、$T = U = V$ です。

底面積が等しければ、どの高さの平面による切り口についても、面積が等しくなるので、カバリエリの方法によって、3つのすいの体積も等しくなります。

よって、次の性質が成り立ちます。

> 【性質】
>
> **底面積と高さが等しいとき、すいの体積は等しい**

この性質をもとに、すいの体積の公式を導くことができます。

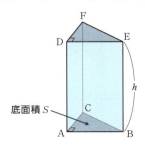

まず、底面が直角三角形の三角柱を考えます。底面積がS、高さがhならば、この三角柱の体積は$h \times S$ですね。ここで、底面を直角三角形にしておいたので、DFが平面ABED（手前の平面）に垂直になります。

この三角柱に包丁を入れ、3つの立体①～③に分割します。

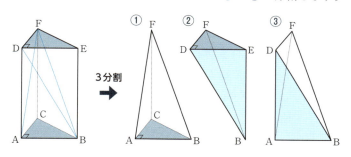

■ **三角柱を3分割する**

まず、①の底面ABCと②の底面DEFは、三角柱の上の面と下の面ですから同じ面積です。また、①と②は三角柱の上下の平行な面ですから、①の高さCFと②の高さEBは同じです。ですから、

　①の体積＝②の体積

です。

②と③については、②の△BEDと③の△ABDをそれぞれの底面と考えます。この2つの三角形は長方形ABEDを対角線で切ったものですから同じ面積です。この2つの三角すいの高さはともにDFですから、これも同じです。ですから、

　②の体積＝③の体積

です。

3分割した立体①、②、③が同じ体積ですから、①の三角すいの体積は、元の三角柱の$\frac{1}{3}$となることがわかります。

2-9 フィールズ賞とアルキメデスの墓碑

最近は日本人研究者のノーベル賞受賞が増えてきましたが、なぜか、ノーベル賞には「数学部門」がありません。その理由についてはさまざまな憶説が流布していますが、数学には昔からノーベル賞に代わる**フィールズ賞**があり、日本では小平邦彦、広中平祐、森重文の3人が授賞しています。フィールズ賞は「4年に1度の選考、40歳以下」という厳しい条件がついており、それがノーベル賞（毎年）のようにポピュラーにならない理由かもしれません。

● アルキメデスの円柱と球

下の画像は、フィールズ賞のメダルです。表面にアルキメデス（紀元前3世紀）の像が描かれ、その裏面には「円柱に入った球」がデザインされています。

この部分

そのレリーフを単純化し、長さを書き込んだのが次ページの右の図です。

メダルのレリーフに、三大数学者の1人であるアルキメデスの像があるのは理解できるとしても、裏面の球と円柱について

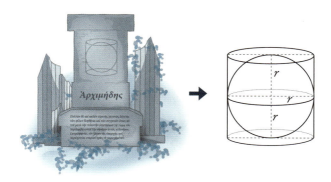

これは、アルキメデスの墓に刻んであったとされるものですが、なぜ、彼の墓にこのようなものが刻まれたのか。それは、アルキメデスが「円柱と球の体積の比が3:2になる(表面積も同様)」という「美しい結果」を得たことを何よりも誇りに思っていたからでしょう。

いま、「美しい結果」と書きましたが、これが美しい理由は、体積の比が同じになるからだけではありません。当時の数学者が追求していた「球の体積」がこの比を用いて計算できるからです。

● 円柱から球の体積を求める手順

円柱の体積は「底面積×高さ」です。底面積がπr^2で、高さは$2r$になるので、

円柱の体積 $= \pi r^2 \times 2r = 2\pi r^3$

そして、球の体積は「この円柱の$\frac{2}{3}$(体積比が2:3)」と言うのですから(これは後で示します)、そのまま使えば、

$$2\pi r^3 \times \frac{2}{3} = \frac{4\pi r^3}{3}$$

このようにして、球の体積が出てくるのです。つまり、墓石のレリーフはアルキメデスが初めて球の体積の公式を導いたことを誇るためで、さらにメダルは彼のその業績を称えたものなのです。

◉ 円柱、球の体積を求める

では、円柱と球の体積を計算してみましょう。まずは、墓石の図から再現します。

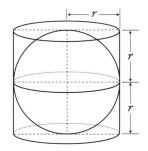

この図の上と下は対称で、まったく同じ比ですから、上半分（以後、「半円柱」と言います）についてだけ考えればよいことがわかります（かんたん化の1つ）。

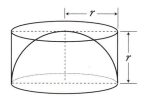

半球の体積が、「円柱の上半分の体積」の $\frac{2}{3}$ であることを示すためには、半円柱から半球を引いたものが半円柱の $\frac{1}{3}$ であることを示せばよいことになります。

ここで、「半円柱の体積の $\frac{1}{3}$ 」と聞いて、何か思い当たることがありませんか。そうです、円すいの体積でしたね。つまり、次のような計算ができればよいことがわかります。

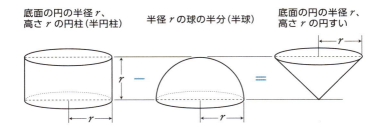

底面の円の半径 r、高さ r の円柱（半円柱）　　半径 r の球の半分（半球）　　底面の円の半径 r、高さ r の円すい

❯ カバリエリの方法を使おう

ここで、やはり、カバリエリの方法を使います。上の図のように3つの立体を並べて置いて、高さ a（$0 \leq a \leq r$）の水平な平面で切ったとします。このとき現れる切り口の図形はすべて円です。その半径は、左から順に以下のようになります（次ページの図参照）。

r、 $\sqrt{r^2-a^2}$、 a

よって、切り口の面積は、左から順に次のようになります。

πr^2、 $\pi(r^2-a^2)$、 πa^2

半円柱の切り口の面積（左）− 半球の切り口の面積（真ん中）を計算すると、

$$\pi r^2 - \pi(r^2 - a^2) = \pi a^2$$

となり、これは円すいの切り口の面積（右）です。

なぜなら、高さ a（$0 \leq a \leq r$）の平面で切ると……

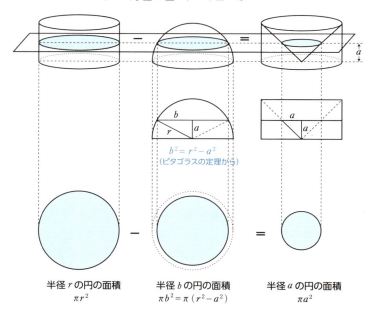

それぞれ同じの高さの平面で切ったとき、切り口の面積は、
　「半円柱 − 半球 = 円すい」
になっていますから、「球の体積が円柱の体積の $\dfrac{2}{3}$ になる」ことが示されました。

2-10 球の表面積は球の体積から計算できる

● 玉ねぎの薄皮をイメージする

この章の最後に、球の表面積を計算してみましょう。これは本章 ❻ で説明した、トイレットペーパーのロール紙をイメージして円の体積を円周の長さから求めた方法を使いましょう。

今度はトイレットペーパーではなく、玉ねぎの薄皮をイメージしてください。

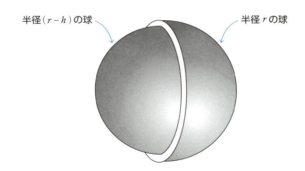

半径$(r-h)$の球　　半径rの球

上の図全体では、中が見えるように、薄皮を半分にしていますが、球の表面を厚さ h の薄皮が覆っていると考えます。また、上の図では、イラストの都合上、薄皮を厚く描いていますが、本当は「超々薄い」と考えてください。

● 薄皮の体積を求めてみる

さて、この薄皮全体の体積は次の式のようになります。

薄皮の体積 = 半径 r の球の体積 − 半径 $(r-h)$ の球の体積

$$= \frac{4\pi r^3}{3} - \frac{4\pi(r-h)^3}{3}$$

$$= \frac{\cancel{4\pi r^3} - \cancel{4\pi r^3} + 12\pi r^2 h - 12\pi r h^2 + 4\pi h^3}{3}$$

$$= \frac{12\pi r^2 h - 12\pi r h^2 + 4\pi h^3}{3}$$

ここで、「体積=底面積×高さ」ですから、「底面積=体積÷高さ」です。ということは、上で求めた「薄皮の体積」を「厚さ(高さに相当)h」で割ると、薄皮の面積が出るはずですね。

厳密にいうと、表面の面積に比べて薄皮の内側の面積は少し狭いのですが、厚さが超々薄いので、その差は無視できます。この辺の思い切りが数学では大事なところです。こうして、

$$薄皮の面積 = \frac{12\pi r^2 h - 12\pi r h^2 + 4\pi h^3}{3} \div h$$

$$= \frac{12\pi r^2 - 12\pi r h + 4\pi h^2}{3}$$

ここで、厚さ h をどんどん 0 に近づければ(超々薄く)、分子の h の項がすべて 0 になり、次の部分だけが残ります。

$$薄皮の面積 = \frac{12\pi r^2}{3} = 4\pi r^2$$

こうして、薄皮の面積(表面積)が球の体積から計算できました。

第3章 世界を解明する？方程式と因数分解の謎

超速算術のウラには因数分解がある!

中学校に入ると「因数分解」を習いますが、これはいわば、長い式を「圧縮」して見やすく整理するようなものです。たとえば、①~③の左辺の式はいくつかの項がバラバラにありますが、これをカッコでまとめると、スッキリします。

$a^2 + 2ab + b^2 = (\underline{a+b})^2$ ……………………………… ①
　　　　　　　　　　因数

$a^2 - 2ab + b^2 = (\underline{a-b})^2$ ……………………………… ②
　　　　　　　　　　因数

$ab^2 - ac^2 = a(b^2 - c^2) = a(\underline{b+c})(\underline{b-c})$ ………… ③
　　　　　　　　　　　　　　　　因数　　因数

①~③の右辺にある$(a+b)$や$(a-b)$などの固まりが因数で、左辺のバラバラした式を因数にまとめることを「因数分解」と呼んでいます。因数分解の逆が「展開」です。

展開　⟷　因数分解

展開は単純に掛けるだけなので、計算さえ間違えなければ正解にたどり着けますが、因数分解には一種の「ひらめき」が必要なことがあり、それがクイズを解くような楽しみを感じさせます。

また、方程式を解くのに因数分解の力は非常に役立ちます。たとえば、$y = x^2 - 4x + 3$ という方程式があれば、

$x^2 - 4x + 3 = (x-1)(x-3)$

と因数分解することで、そのグラフの概形を描けます。つまり、$x=1$、$x=3$のとき、$y=0$となる（x軸との交点）ことがわかり、その結果、下のようなグラフを描くことができます。第7章で紹介する微分も、グラフの概形がわかると見通しを立てやすくなります。そのとき、因数分解は欠かせないテクニックです。

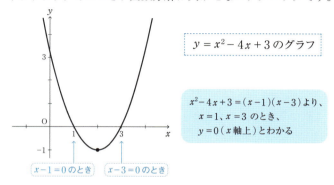

$y = x^2 - 4x + 3$ のグラフ

$x^2 - 4x + 3 = (x-1)(x-3)$ より、
$x=1$、$x=3$ のとき、
$y=0$（x軸上）とわかる

$x-1=0$ のとき　　$x-3=0$ のとき

■ **因数分解するとグラフを描きやすくなる**

●「a^2-b^2の形にならないか？」と考える

因数分解はふだんの生活でも役立っています。その1つが「速算」です。

たとえば、「53人に47万円ずつ払う」というとき、「全部で2491万円です」と速算できる人がいます。そろばんの達人でなくても、因数分解の公式を利用するだけで、速算の達人になれるのは案外、知られていません。これは次の公式を利用します。

$$a^2 - b^2 = (a+b)(a-b)$$

「53人に47万円ずつ払う」のだから、基準を$a=50$とし、基

準との差 $b=3$ と考えると、

$$53 \times 47 = (50+3)(50-3)$$
$$= 50^2 - 3^2 = 2500 - 9 = 2491$$

というわけです。50の2乗は $50 \times 50 = 2500$、そして3の2乗は $3 \times 3 = 9$ と、すぐに暗算ができます。

同様にすれば、次の計算もかんたんに暗算できるでしょう。

$$29 \times 31 = (30-1)(30+1)$$
$$= 30^2 - 1^2 = 900 - 1 = 899$$

これは基準の30との差が「1」なので、とてもかんたんです。次はどうでしょうか。

$$105 \times 95 = (100+5)(100-5)$$
$$= 100^2 - 5^2 = 10000 - 25 = 9975$$
$$73 \times 67 = (70+3)(70-3)$$
$$= 70^2 - 3^2 = 4900 - 9 = 4891$$

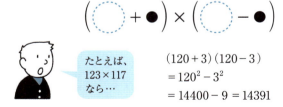

■「和と差」の積にする

● 44×19も瞬速で計算する！

「な〜んだ、$a^2 - b^2$ のパターンしかないのか」と言われそう

なので、44×19などはどうでしょうか。

これは a^2-b^2 のパターンは使えませんが、この場合、19に目をつけます。19 = 20 − 1 ですから、

$44 \times 19 = 44 \times (20 - 1) = 880 - 44 = 836$

です。キリよく20倍して、掛けられる数（44）を引いてやる、実にかんたんです。これだと、

$48 \times 19 = 48 \times (20 - 1) = 960 - 48 = 912$

とできます。19に限らず、29、39などでも同様です。

$27 \times 29 = 27 \times (30 - 1) = 810 - 27 = 783$

$54 \times 39 = 54 \times (40 - 1) = 2160 - 54 = 2106$

さすがに答えが4桁になってくると厳しいかもしれませんが、掛ける数が19、29、39、49……のようなケースでは挑戦してみるとよいでしょう。

● 99×72をかけ算せずに速算する方法

19、29、……の流れで、99のときに面白い速算をする方法をやってみましょう。たとえば、99×72です。

99×72の結果を、次の2つのブロックに分けます。

99×72 = □□○○

そして、前の□□には、

□□ = 72 − 1 = 71

を入れます。

次に、○○は、次のように計算して入れます。

○○ = 99 − 72 + 1 = 28

よって、

$$99 \times 72 = \square\square\bigcirc\bigcirc = 7128$$

です。この結果が合っているかどうか、ご自分で電卓、筆算などで確認してみてください。

もう1つやってみましょう。99×57であれば、

$$\square\square = 57 - 1 = 56、\bigcirc\bigcirc = 99 - 57 + 1 = 43 \text{より、}$$
$$99 \times 57 = \square\square\bigcirc\bigcirc = 5643$$

どうでしょうか。かけ算をいっさいせずに、ひき算、たし算だけで処理できました。

種明かしをしましょう。なお、99の相手の数をAとすると、A≦99という条件つきです。

$$\begin{aligned} 99 \times A &= (100-1) \times A \\ &= 100A - A \\ &= 100A - 100 + 100 - A \\ &= (A-1) \times 100 + 99 - A + 1 \end{aligned}$$

後ろの(99−A+1)については、(100−A)のほうがかんたんだと思えば、それでもかまいません。式の中に99が出てくるのでそれを利用しているだけで、自分の使いやすい方法で覚え、使いこなせばよいと思います。

わかってみれば「な〜んだぁ」と思うかもしれませんが、速算のウラには因数分解や、10進法でキリのよい数(100や20など)への深い洞察があります。あなたもこれらを利用して速算法を考えてみませんか。

3-2 ネット決済には素数が使われている？

　素数とは、2、3、5、7、11、13、17、19、23……のような「2以上の数で、1とその数以外の数では割り切れない数」のことを言います。

　また、前項で見てきたように、因数分解というのは、$x^2 + 5x + 6$のような式を「かけ算の形」に直すことです。

　$x^2 + 5x + 6 = (x+2)(x+3)$

　このとき、左辺から右辺のようにまとめることを「因数分解」、逆に右辺から左辺に戻すことを「展開」と言いました。

　ここにもう1つ、「素因数分解」という言葉が出てくると、素数、因数分解との関係がややこしくなります。

　実は、素因数分解は因数分解の一種ですが、素数同士のかけ算にすることを言います。たとえば、

　　$6 = 2 \times 3$　　　$15 = 3 \times 5$　　　$65 = 5 \times 13$

のように、

素数 × 素数

の形にすることを「素因数分解」と呼ぶのです。

❷ 現代の暗号は素数でつくられている

　すでに暗号については「階乗（！）」のところ（第1章❸）で、昔の暗号に関して触れましたが、少し現代の暗号を見ておきましょう。

　かつては暗号というのは、ある国家にとって大切な手紙が敵国に奪われても大事に至らないように、ふつうの文（平文）ではなく、そのままではわからない文（暗号文）にして秘密を守ることを目的につくられていました。

　　平文 ⟶ 暗号文

　このとき、平文を暗号文に変えるには、何らかの、①暗号のしくみ（アルゴリズム）、②暗号鍵、の2つが必要です。膨大な数の暗号鍵を設定することで、敵が解読するまでの時間を稼ぎ、結果的に解けなかったのと同じ効果を生もうとしていました。国家が使う道具だったわけです。

　しかし、いまや暗号は国家だけでなく、個人の日常生活でも使われるようになっています。インターネットで何かを購入する際にはセキュリティ上、個人でも暗号を日常的に使用するようになっているからです。あなたが何かを購入しようとすると、ブラウザには、次のような表示がされているはずです。

　　　＋　ａ　https 🔒 www.amazon.co.jp/

　ここでURL欄に「http」ではなく、「https」と書かれていると思いますが、この最後の「s」は、インターネットでの通信を

安全に（Secure）行なっていますよ、という表示です。

では、それはどのようなしくみなのかというと、通常のメールなどはインターネットを流れる際は何も暗号化されず「平文」で流れていきますが、カード決済などの場合は暗号化してデータを送っています。その暗号化に「素数」が使われているのです。

従来は暗号というと、暗号化するにも復号化（暗号を元に戻す）するにも同じ暗号鍵（秘密鍵）を使っていたため、暗号鍵を盗まれないことが、解読されないために必要でした。

そのリスク解消のために考えられたのがRSA暗号で、公開鍵と秘密鍵の2種類の暗号鍵を用意し、公開鍵のほうは皆に公開することにしました。ただし、公開鍵は暗号化には使えますが、自分で暗号化した暗号文書であっても、いったん暗号化すると、自分でも解読できません。

たとえば、AさんがBさんに何か大切な文書を暗号化して送る場合、Bさんの公開鍵をAさんが入手し、Aさんはそれで「A」という暗号文をつくることができます。しかし、Aさん自身、「A」を解読することはできません。公開鍵は暗号化はできても、復号化（暗号を元に戻すこと）はできないためです。復号化できるのは、秘密鍵をもっているBさんのみです。これが、現在のインターネットのセキュリティを守っているRSA暗号のしくみです。

● RSA暗号は「素数×素数」でできている

RSA暗号の秘密鍵・公開鍵のしくみは、この項の最初に述べた「素因数分解」を使っています。素因数分解というのは、素数のかけ算、つまり「素数×素数」のことです。2つの素数 p、q があったとき、その積を N とすると、

　$p \times q = N$

と書けます。むずかしく感じるかもしれませんが、先ほどの、

　$2 \times 3 = 6$　　$3 \times 5 = 15$　　$5 \times 13 = 65$

などが、「$p \times q = N$」ということですね。

この場合、左辺のかけ算はすぐに計算できて右辺の答えになりますが、逆に、右辺から左辺（素因数分解）はすぐに計算できるでしょうか？ もちろん、上記の例では「6か？ う〜ん、1×6、2×3、3×2、6×1があるな」とかんたんでしょうが、次のケースではいかがでしょうか？

　$\boxed{p_1} \times \boxed{q_1} = 4324349$

　$\boxed{p_2} \times \boxed{q_2} = 1645527197$

ここで左辺の p、q の値がわかれば、すぐにかけ算して右辺の値（N）を算出できますが、右辺を見て左辺2つの素数を特定すること（素因数分解）は困難を極めます。ちなみに、上記は（1619×2671）と（22651×72647）が答えです。

これらは4桁同士の素数、5桁同士の素数にすぎませんが、2018年1月1日現在で見つかっている最大の素数は2233万8618桁であり（2016年に発見、2017年に確認）、スーパーコンピュータを使っても、N（公開鍵：右辺）から p、q（2つの素数：左辺）を一定時間内には解けないため、「安全」とされています。

3 魔法の「解の公式」が公開試合の秘密兵器

　方程式には、$5x+3=8$のような1次方程式（xの次数が1次）もあれば、$x^2-5x+6=0$のようにxの最高次数の項がx^2となる2次方程式もあります。2次方程式を解くには因数分解を使えばいいのですが、$91x^2-311x+198=0$のような式になると、因数分解で解くのはむずかしくなってきます。

　そういった場合にも、手順通りにするだけでかんたんに解ける魔法の公式があります。それが「解の公式」です。「根の公式」と習った人もいると思います。同じものです。

◉ 魔法の「解の公式」を導く

　まずは、その公式を導いてみましょう。

　2次方程式 $ax^2+bx+c=0$（ただし、$a \neq 0$）からxを導きます。ここでは、

$$\triangle(x+\square)^2 = \bigcirc$$

の形をつくるのがポイントです。要するに、

　（なんとか）^{2} ＝ なんちゃら

の形にしたいのです。なぜなら、$\triangle(x+\square)^2 = \bigcirc$ の形をつくることで、この左辺の2乗を外せば、

$$\sqrt{\triangle}(x+\square) = \pm\sqrt{\bigcirc}$$

の形にでき、これはxに関する1次式ですから、移項すれば、

$x = \cdots\cdots$

として x を求めることができるからです。おおよその目安がついたので、実際にやってみましょう。

$$ax^2 + bx + c = a\left(x^2 + \frac{b}{a}x\right) + c$$
$$= a\left(x + \frac{b}{2a}\right)^2 - \frac{b^2}{4a} + c = 0$$

ここで移項すると、

$$a\left(x + \frac{b}{2a}\right)^2 = \frac{b^2}{4a} - c = \frac{b^2 - 4ac}{4a}$$

どこかで見た形、そう、先ほどの $\triangle(x + \square)^2 = \bigcirc$ の形です。

$$a\left(x + \frac{b}{2a}\right)^2 = \frac{b^2}{4a} - c = \frac{b^2 - 4ac}{4a}$$

$\triangle(x + \square)^2$ $= \bigcirc$

そこで、両辺を a で割って、

$$\left(x + \frac{b}{2a}\right)^2 = \frac{b^2 - 4ac}{4a^2}$$

ここで、両辺の平方（2乗）を外すと、

$$x + \frac{b}{2a} = \pm\frac{\sqrt{b^2 - 4ac}}{2a}$$

となります。平方を外したので、解が2つ（プラス、マイナス）出てきたというわけです。さらに移項して、

$$x = -\frac{b}{2a} \pm \frac{\sqrt{b^2 - 4ac}}{2a} = \frac{-b \pm \sqrt{b^2 - 4ac}}{2a}$$

こうして、「解の公式」が導かれました。

解の公式 $x = \dfrac{-b \pm \sqrt{b^2 - 4ac}}{2a}$

本当にこれが「魔法の公式」かどうか、先ほどの$91x^2 - 311x + 198 = 0$にこの解の公式を当てはめてみると、

$$x = \frac{-(-311) \pm \sqrt{(-311)^2 - 4 \times 91 \times 198}}{2 \times 91}$$

$$= \frac{311 \pm \sqrt{24649}}{182} = \frac{311 \pm 157}{182}$$

$$\therefore \ x = \frac{18}{7}, \ x = \frac{11}{13}$$

こんな方程式を因数分解で解くのはたいへんですが、解の公式を使うとかんたんに解けました。

● 3次方程式の解の公式?

2次方程式の解の公式があるなら、3次方程式、4次方程式、5次方程式……の解の公式もあるのでしょうか。

3次方程式の解の公式の発見をめぐっては、タルタリア（1499または1500〜1557年）とカルダーノ（1501〜1576年）の間で、現在の著作権紛争の走りともいえる争いが起きました。

16世紀のヨーロッパでは、数学の難問を互いに出し合い、それを多く解き合う公開試合が行なわれていました。その頃、3次方程式の解の公式はまだ知られておらず、この難問を解けるかどうかが、公開試合に勝利する

■ カルダーノの著した『アルス・マグナ』の表紙

大きなキーとなっていたと言います。

タルタリアは3次方程式の解の公式を発見していたと言われ、このため多くの人から「解法を教えてほしい」という依頼が殺到していたようです。結局、「その解法を公開しない」という約束でカルダーノに教えたところ、カルダーノが約束を破り、自著『偉大なる術（アルス・マグナ）』に掲載したのです。ただしこの本には、3次方程式の解法はタルタリアとフェッロによって発見されたことが明記され（自分ではないこと）、また「公表しない約束なんてしていない」とカルダーノは反論していたようです。

どちらの言い分が正しいかは、いまとなっては不明ですが、この『偉大なる術』に3次方程式の解法を掲載したことで、カルダーノは画期的な功績を残しています。

1つは、「虚数」の概念を伝えたことです。もう1つは、当時、重要な解法は一子相伝（師から弟子へ）が一般的だったのを「書物で多くの人に継承する」という先鞭をつけたことです。その意味では、カルダーノが数学界に果たした役割は大きかったと言えます。

カルダーノ自身は数学者、医者、占星術師など多彩な顔をもち、医者としては腸チフスの発見者として知られ、さらに占星術師として「自分の死亡日」を予言し、的中させたとされます。

なお、5次以上の方程式については「代数的に解くことは不可能」ということがアーベル（1802〜1829年）の研究で明らかにされています。こうして、n次方程式の解の公式を発見する競争は幕を閉じたのです。このアーベルの業績を称え、彼の生誕200年を記念し、新しい数学賞である「アーベル賞」が2001年に設けられています（賞金は約1億円）。

関数とはブラックボックスか？

1次方程式、2次方程式、因数分解に慣れてくると、次に登場するのが「関数」です。ここから2次関数、3次関数、三角関数、指数・対数関数などが矢継ぎ早に出てくることになります。

その前に、「関数のイメージ」をもっておくことが大事でしょう。

● 関数とは「ブラックボックス」のこと

関数はよく、ブラックボックスにたとえられます。何かを入れたら（入力）、それに対応して何かが出てくる（出力）という意味です。ブラックボックスの1つに自動販売機があります。

いま、下のような自動販売機があって、100円を入れるとコーラが、120円を入れるとジュースが、140円だとコーヒーが、そして160円なら和茶がそれぞれ出てくるとします。

■ 何かを入れたら、対応する何かが出てくる

つまり、入力(100円、120円、140円、160円)に対応して自動販売機が機能し、出力(コーラ、ジュース、コーヒー、和茶)が変わるというわけです。その箱の中で何をしているかは不明(だからブラックボックス)であっても、とにかく入力に対応した仕事をする(機能をもつ)装置、それが「関数」です。

いま、この「関数 $f(x)$」という箱に $x=1, 5, 8$ を入れると、$f(1), f(5), f(8)$ が出力されます。

もし、この関数が $f(x)=2x$ という機能をもっている箱であれば、次のように出力されます。

入力 x	変換機能 $f(x)=2x$	出力 y
1	$f(1)=2\times 1$	2
5	$f(5)=2\times 5$	10
8	$f(8)=2\times 8$	16

また、$f(x)=2x$ という変換機能以外にも、$3x$、$5x+2$ のような異なる機能をもつ場合には、それらは $g(x)$、$h(x)$ と別の名前をつけることもでき、その出力結果は以下のようになります。

x	$f(x)$	y	x	$g(x)$	y	x	$h(x)$	y
2 →	$2x$	→ 4	2 →	$3x$	→ 6	2 →	$5x+2$	→12

● 関数の処理は?

関数は次の図のように、入力部分がx、そして関数(ブラックボックス)の$f(\ )$のカッコの部分にxを入れて何らかの処理をし(たとえば2倍するとか、5倍してから2を引くとか)、最後にそれを出力(y)します。

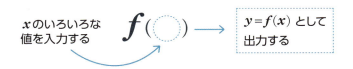

■ xの値を変換する関数$f(\ )$の機能

このような機能(function)をもつので、その頭文字から$f(x)$と略しているのです。実際にいくつか試してみましょう。

$y = f(x) = 3x + 1$ のとき、$x = -1,\ 3,\ 5$の値は、
$f(-1) = 3 \times (-1) + 1 = -2$
$f(3) = 3 \times 3 + 1 = 10$
$f(5) = 3 \times 5 + 1 = 16$

$y = f(x) = x^2 + 3$ のとき、$x = -2,\ 1,\ 3$の値は、
$f(-2) = (-2)^2 + 3 = 4 + 3 = 7$
$f(1) = 1^2 + 3 = 4$
$f(3) = 3^2 + 3 = 12$

関数の中に入るxはさまざまな数に変わっていくので、これを「変数」と呼んでいます。

COLUMN

この世界を解明する「仮説×仮説×……」の考え方

　イタリア出身のエンリコ・フェルミは37歳の若さでノーベル賞を受賞した天才物理学者で、アメリカに亡命後（夫人がユダヤ人だったためムッソリーニから迫害を受けていた）、人類史上初めて原子核分裂の連鎖反応の制御に成功したことでも名高い科学者です。フェルミの名前は現在でも、元素名（フェルミウム）、フェルミ高速増殖炉、フェルミ準位など、さまざまなところに残されています。

　ところで、フェルミはその素晴らしい業績とは別に、一風変わったエピソードでも知られています。たとえば原爆実験の際、落としたティッシュペーパーの動きを見て爆発エネルギーの大きさを速算するといったこともあったそうです。彼は「概算の大家」でもあったのです。

　たとえば、フェルミはシカゴに住んでいたこともあり、「シカゴにはピアノの調律師は何人いるか」といった問題を提示し、データがなくても論理的な仮説に基づいて推定していく手法を示しています。それが今日でも外資系企業の面接などでよく出されるという「フェルミ推定」です。

　実際、この「シカゴの調律師」の問題は、どこから手をつけていいか窮するような奇問です。そもそも日本人の私たちには、シカゴの人口さえわかりづらいものです。

　けれども、シカゴの人口をおおよそ500万人と仮定し、世帯数を200万とすれば、それほど見当違いの数ではないでしょう。ピ

アノが50世帯に1台あるとすれば、全部で4万台。1人の調律師が1日に1〜2台（平均して1.5台）を調律し、年間300日働くとすると、1人で450台。4万台を450で割れば、約90人 —— と推定できます。

$$40000 \div (1.5 \times 300) \fallingdotseq 90$$

ですから、シカゴにいる（いた？）ピアノの調律師は「90〜100人」と推定しても大筋は合っている、おそらく桁が1つも2つも違うことはないでしょう。

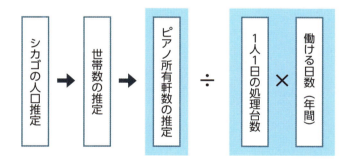

なお、フェルミが在住していた1940年代〜50年代のシカゴの人口はおよそ350万人ほどのようです。

この方法を使うと、まだ台頭してきたばかりの市場の大きさなども、おおよそのレベルで推定することができます。ここでは「厳密性」には多少、目をつぶります。

第4章

確率と統計さえわかれば、イカサマや八百長も見抜ける

4-1 「場合の数」を漏れなくリストアップする

● 何通りの道があるか？（和の法則）

次のような道があったとき、Aを出発してIまで行くには何通りの道順があるでしょうか（ただし、左や下には戻りません）。

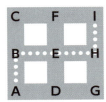

① A → B → C → F → I
② A → B → E → F → I
③ A → B → E → H → I
④ A → D → E → F → I
⑤ A → D → E → H → I
⑥ A → D → G → H → I

試行錯誤すると、上図の右のように6通りとわかりますが、漏れの心配もあります。そんなときには、以下のような図を描くとよいでしょう。これを「樹形図」と呼んでいます。

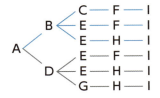

B経由とD経由には重複はない！

$$3 + 3 = 6$$

この樹形図を見ると、「Bの樹形（青）」「Dの樹形（グレイ）」の2つがあり、この2つの樹形に重複はないので、以下のような計算法則が成り立ちます。これを「和の法則」と呼んでいます。

全部の道順（6通り）＝ B経由（3通り）＋ D経由（3通り）

◉ 積の法則

では、下のような道があったらどうでしょうか。AからIにたどり着いた後に、さらに同じような道があって、最後はQまで行こうというわけです。この場合は、AからIまで6通りあり、その6通りそれぞれについてQまでの6通りがあります。よって、次のように表され、これを「積の法則」と呼んでいます。

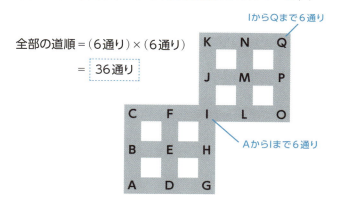

◉ 階乗で見栄えもスッキリ！

では、こんな場合はどうでしょうか。AさんからEさんまで5人がいて、5人に順に並んでもらうとしたら、何通りの並べ方があるかを考えてみてください。

次ページの図のように並べると、最初は5人の誰でもよく、2番目の人は最初に選んだ人以外の4人の誰かとなり、3人目は残り3人の誰かとなり……、と考えていくと、次のような計算になります。

$5 \times 4 \times 3 \times 2 \times 1 = 120$（通り）

もし、7人を並べるなら、

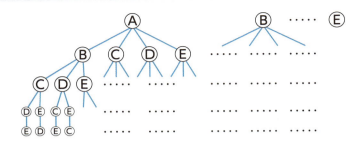

$$7 \times 6 \times 5 \times 4 \times 3 \times 2 \times 1 = 5040（通り）$$

となります。たった2人増えるだけで、120通りから5040通りへと、驚くべき増え方です。その増え方にも驚きますが、毎回、数字を順々に書いていくのはかなり面倒です。$35 \times 34 \times 33 \times \cdots\cdots \times 2 \times 1$ などになると、放り出したくなります。

そこで、このような階段状の数値のかけ算をもっとかんたんに書こうとして考えられたのが「！」（階乗と読みます）という記号です。そうです、第1章でも登場しましたね。この後も何度か出てくるので、覚えておいてください。

$$5 \times 4 \times 3 \times 2 \times 1 = 5！ \quad（5の階乗）$$
$$13 \times 12 \times 11 \times \cdots\cdots \times 3 \times 2 \times 1 = 13！ \quad（13の階乗）$$

のように「5！」とか「13！」のように書けばよく、もし、n個のものを並べていく場合も、

$$n \times (n-1) \times (n-2) \times \cdots\cdots \times 3 \times 2 \times 1$$

と書かなくても「$n！$」でわかるので、便利で省力化にも役立ちます。何よりも、途中を間違えて書く心配がなくなります。

確率を求める際には、全部でどれだけのケースがあり（全事象）、そのうち該当するケースがどれだけあるか――ということを考えます。そのためには、ここに出てきたような「場合の数」の知識が必要となるのです。

4-2 ややこしい「順列と組合せ」の違い？

❯ 順列も階乗で表してしまう

前項で、5人に順に並んでもらう場合を見てみました。今度は全員を並べるのではなく、「5人のうち3人を並べる」と変えてみると、どうなるでしょうか。

5人、4人、3人で終わりなので先ほどより少しラクで、5×4×3ですね。同様に、10人の家族のうち7人を並べると、

$$10 \times 9 \times 8 \times 7 \times 6 \times 5 \times 4 \quad \cdots\cdots\cdots\cdots\cdots\cdots\cdots ①$$

となります。

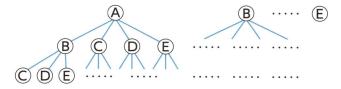

「10人のうち7人だから、最後は3ではないのか？」と思うかもしれませんが、3ではなく、4です（10 − 7 + 1 = 4）。この①式を少し変形して階乗の式で表すと、少しはこのとまどいも減るでしょう。

$$\begin{aligned}
&10 \times 9 \times 8 \times 7 \times 6 \times 5 \times 4 \\
&= \frac{10 \times 9 \times 8 \times 7 \times 6 \times 5 \times 4 \times (3 \times 2 \times 1)}{(3 \times 2 \times 1)} \\
&= \frac{10!}{3!} = \frac{10!}{(10-7)!}
\end{aligned}$$

ちなみに、このような「n人からr人を選んで並べる並べ方」のことを、「順に並べる」という意味で「順列（Permutation）」と呼び、${}_n\mathrm{P}_r$と書くことにしています。

順列　$({}_n\mathrm{P}_r) = \dfrac{n!}{(n-r)!}$

● 組合せは「順列÷階乗」と考える

次の並べ方を見てください。これは3人に順に並んでもらう方法で、Aから始めると①ABC、②ACBの2通り、Bから始めると③BAC、④BCAの2通り、Cから始めると⑤CAB、⑥CBAの2通り、合計6通りあります。

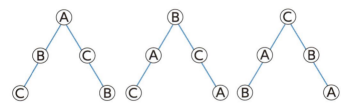

■ 6通りの並べ方があるが、3人の組合せは1通り

けれども、これらは並べ方が違うだけで、3人の顔ぶれ（組合せ）は同じです。つまり、3人の並べ方（順列）は6通りありますが、3人の顔ぶれ（組合せ）としては1通りです。

そこで、このようなものを「組合せ」と呼んでいます。組合せは英語でCombinationなので、「n人からr人を選ぶ方法」を${}_n\mathrm{C}_r$と書きます。

「組合せ」は「順列」とどう違うのでしょうか。一言でいうと、組合せは「順番を無視する」のに対して、順列は組合せ（顔ぶ

れ）が同じであっても、その並ぶ順番も問題にします。ですから、**ABC**と**BCA**は顔ぶれは同じでも（組合せは同じ）、並べ方が違うので、順列としては別ものとしてカウントします。

ところで、順列（${}_nP_r$）は「① n 人から r 人を選び、② その r 人の並べ方」を数えました。たとえば、「5人から3人を選び出し、その3人を並べる方法がいくつあるか」を考えます。すると、前半の「① n 人から r 人を選ぶ」のが「組合せ（${}_nC_r$）」と言え、後半の「② r 人の並べ方」は「階乗（$r!$）」にあたります。

このため、順列＝①×②、組合せ＝①、その並べ方は、$r! = ②$ から、

$$_nP_r = {}_nC_r \times r!$$

よって、

$$_nC_r = \frac{{}_nP_r}{r!} = \frac{\frac{n!}{(n-r)!}}{r!} = \frac{n!}{r!(n-r)!}$$

←── 前ページの順列の公式より

∴ 組合せ $({}_nC_r) = \dfrac{n!}{r!(n-r)!}$

これを利用すると、5人から3人を選ぶ組合せは、

組合せ $({}_nC_r) = \dfrac{n!}{r!(n-r)!} = \dfrac{5!}{3!(5-3)!} = \dfrac{5\cdot 4\cdot 3\cdot 2\cdot 1}{3\cdot 2\cdot 1\cdot 2\cdot 1} = 10$

で10通りとなります。実際に数えあげてみると、

① ABC　② ABD　③ ABE　④ ACD　⑤ ACE
⑥ ADE　⑦ BCD　⑧ BCE　⑨ BDE　⑩ CDE

の10の組合せがあることを確かめられました。

順列と組合せについては、「これは順列か？　組合せか？」と悩むことも多いのですが、

① n 人から r 人を選ぶ方法 ⟶ (組合せ)
② その r 人を並べる方法 ⟶ ($r!$)

この①と②を連続して行なうのが「順列」だと理解すれば、混同することも少なくなるかもしれません。

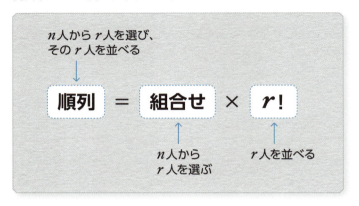

なお、第1章❸で「0!」(0の階乗)を0ではなく、「1」とすることを述べました。その理由をここで示しておきましょう。

組合せで「n 個のものから r 個取ってくる組合せ」を考えると、

$$_nC_r = \frac{n!}{r!(n-r)!}$$

です。いま、n 個 = r 個とすると、その組合せ = 1なので、

$$_nC_r = \frac{n!}{r!(n-r)!} = \frac{r!}{r!(r-r)!} = \frac{r!}{r!\,0!} = 1$$

よって、「0! = 1」としておけば、$_nC_r$ の式が $r = n$ でも $r = 0$ でも成り立ちます。0! = 1としておかないと、$_nC_r$ に関する式はいちいち $r = n$ と $r = 0$ の場合を別に書かねばならないので、たいへん面倒です。

源氏香で「組合せ」の世界を遊ぶ

家紋は対称性の美しい素材をもとにつくることが多いのですが、それら家紋の中に、🀙とか🀚、あるいは🀛のような不思議なデザインを見かけることがあります。これらは何をデザイン化したものなのでしょうか。植物？ 虫？

❯ 貴族の雅な「香のゲーム」

最初の家紋は蜻蛉、次が浮舟、最後が匂宮と言います。いずれも『源氏物語』に登場するタイトル（帖）です。

　　　　蜻蛉　　　　　　　浮舟　　　　　　匂宮

これらのデザインはもともと「源氏香」という遊びから発したものです。源氏香は「利き酒」に似ていて、出された「香」を見分けるゲームです。

まず、5種類の香木A～Eをそれぞれ5袋ずつ、合計25の袋に入れます。ご主人（出題者）はその中から5つを無作為に選び、香を聞いて（聞く＝香を嗅ぐこと）もらいます。

さて、源氏香のゲームでは、出された香の名前を当てる必要はありません。たとえば5袋の香のうち、「1袋目と3袋目の香が同一、2袋目と4袋目も同じだった。5袋目はいずれの香とも違う」と判断すれば、自分で5本の縦線に次のような横線を引いて解答します。これを「香図」あるいは「香文」と言います。

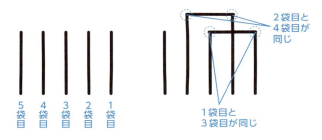

ルールはこれだけです。もし、参加者が「1袋目と3袋目の香が同じ、2袋目と4袋目の香が同じ」と考えれば、「花散里」と答えればよいわけです。実は横線の引き方にもルールがあって、「花散里」の場合は、一般には左下図のようにするようです。

優雅な遊びだけに、たとえ香を聞く能力があり、図として左右で同じ意味をもっていても、左のように引かないと「風流を解せぬ奴よのう」と評価されるのかもしれません。「源氏香」に参加するなら、線の引き方も勉強しておかないと……。

● 「源氏香」は何種類あるのか?

さて、本題です。5種類 (A〜E)・5袋 (計25袋) の香を出されて香を聞くとき、この香図のパターンは何種類あるのか——それが問題です。香木は5種類・5袋ありますが、同じ香木であればその種類・袋の順 (たとえばA1〜A5) は問いませんから組合せ問題です。

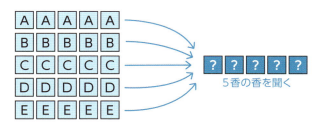

(1) 5香とも同じ

「すべて同じ香」というは、香図としては1つしかありません。このとき、香Aが5つであろうが、香Bが5つであろうが、香図のパターンは1つです。

これを計算で確かめるなら、「5香 (n個) から5香 (r個) を選んでくる組合せ」なので、

$$_nC_r = \frac{n!}{r!(n-r)!}$$

を利用し、$_5C_5 = 1$ です。計算を確認してみましょう。

$$_5C_5 = \frac{5!}{5!(5-5)!} = \frac{5!}{5! \times 0!} = \frac{1}{0!} = 1$$

$0! = 1$

5香から5つ選ぶ選び方は1通り

よって、1通り。

なお、分母は$(5-5)!=0!=1$として計算しています。$0!=0$ではなく、$0!=1$です（前項を参照）。

（2） 4香が同じ

出された香の4つが同じで、1つだけ異なるのは、1番目が異なる、2番目が異なる、3番目が異なる……ということで、5種類だとわかります。組合せの計算で確かめると、$_5C_4$で、

$$_5C_4 = \frac{5!}{4!(5-4)!} = \frac{5!}{4! \times 1!} = \frac{5 \cdot 4 \cdot 3 \cdot 2 \cdot 1}{4 \cdot 3 \cdot 2 \cdot 1} = 5（通り）$$

（3） 3香が同じで、残り2香も同じ

$$_5C_3 \times {}_2C_2 = \frac{5!}{3!(5-3)!} \times \frac{2!}{2!(2-2)!} = \frac{5!}{3! \times 2!} \times 1 = 10$$

よって、10通り。

（4） 3香が同じで、残りはバラバラ

$$_5C_3 = \frac{5!}{3!(5-3)!} = \frac{5!}{3! \times 2!} = \frac{5 \cdot 4}{2 \cdot 1} = 10$$

よって、10通り。

（5） 2組の2香がそれぞれ同じ

このケースでは、最初の2香と後の2香が入れ替え可能なため、2で割ることになります。

$$_5C_2 \times {}_3C_2 \div 2 = \frac{5!}{2!(5-2)!} \times \frac{3!}{2!(3-2)!} \div 2$$

$$= \frac{5 \cdot 4}{2 \cdot 1} \times \frac{3}{1} \div 2 = 30 \div 2 = 15$$

よって、15通り。

（6） 1組の2香が同じで、残り3香はバラバラ

$$_5C_2 = \frac{5!}{2!(5-2)!} = \frac{5!}{2! \times 3!} = \frac{5 \cdot 4}{2 \cdot 1} = 10$$

よって、10通り。

（7） すべてバラバラ

これは（帚木）の1通りしかないことがわかります。

$$_5C_0 = \frac{5!}{0!(5-0)!} = \frac{5!}{5!} = 1（通り）$$

よって、（1）〜（7）の総計は、$1+5+10+10+15+10+1 = 52$（通り）が答えです。

●『源氏物語』全54帖から52パターンの名前を

これら52通りすべてに『源氏物語』の各帖の名前がつけられています。しかし、『源氏物語』は桐壺、帚木、空蟬、夕顔……と始まり、葵、花散里、胡蝶、夕霧、匂宮、浮舟、蜻蛉などを経て、手習、夢浮橋で終わり、全54帖あります。

このため源氏香では、最初の桐壺、最後の夢浮橋の2つを外して、52の名前をあてはめたのです。

源氏香には何パターンあるかを考えるとき、やみくもに書いてみても、見落としや重複が出てきそうです。そんなとき、組合せの知識があると、漏れなく重複なくカウントできます。

きりつぼ 桐壺	ははきぎ 帚木	うつせみ 空蝉	ゆうがお 夕顔	わかむらさき 若紫	すえつむはな 末摘花
もみじのが 紅葉賀	はなのえん 花宴	あおい 葵	さかき 賢木	はなちるさと 花散里	すま 須磨
あかし 明石	みおつくし 澪標	よもぎう 蓬生	せきや 関屋	えあわせ 絵合	まつかぜ 松風
うすぐも 薄雲	あさがお 朝顔	おとめ 少女	たまかずら 玉鬘	はつね 初音	こちょう 胡蝶
ほたる 蛍	とこなつ 常夏	かがりび 篝火	のわき 野分	みゆき 行幸	ふじばかま 藤袴
まきばしら 真木柱	うめがえ 梅枝	ふじのうらば 藤裏葉	わかな 若菜(上)	わかな 若菜(下)	かしわぎ 柏木
よこぶえ 横笛	すずむし 鈴虫	ゆうぎり 夕霧	みのり 御法	まぼろし 幻	におうみや 匂宮
こうばい 紅梅	たけかわ 竹河	はしひめ 橋姫	しいがもと 椎本	あげまき 総角	さわらび 早蕨
やどりぎ 宿木	あずまや 東屋	うきふね 浮舟	かげろう 蜻蛉	てならい 手習	ゆめのうきはし 夢浮橋

4 コインのオモテが出る確率はホントに$\frac{1}{2}$か?

● 富くじの当たる確率は、コインと同じ$\frac{1}{2}$か?

コワモテのおじさんが「この富くじは凄いよ! 当たるか外れるかの2者択一、つまりは$\frac{1}{2}$の高い確率で当たるってこと、買わなきゃソン、大ゾンだ!」と述べたてているとします。顔に似合わず、富くじが本当に$\frac{1}{2}$の確率で当たると思い込んでいる……。そんな感じの憎めないキャラに覚えはないでしょうか。

さて、このおじさんに、「それは違うよ」ということを説明するとしたら、どうすればよいでしょう。

コインの場合には、たいてい「オモテとウラの面の出方が同様に確からしいコイン」といった面倒な但し書きがついています。だからこそ、オモテ・ウラの出方は「同等」で、$\frac{1}{2}$ずつの確率と言えるのです。

ところが、富くじ（この言葉からして怪しい）の場合、たしかに「当たるか、外れるか」の2択ですが、その2択のそれぞれの出方が違います。もし、この富くじが1万枚発行されていて、当たりが1枚だとすると、外れは9999枚で、「当たり」と「外れ」が「同等」とはとても言えません。当たる確率は$\frac{1}{10000}$なのですから。

同じようなことは「受験」にもいえます。「東大を受けたとき、合格するか、不合格かは2択しかない。だから勉強してもしなくても同じ確率だよ」と言う不勉強な子どもの理屈は、富くじのおじさんと同じです。

● 町長選挙はコイントスで決める？

ある優秀な営業担当者がいて、お客さんと商談をすると5割の確率で受注するそうです。5割ということは、✕の次は◯かというと、そうではありません。「必ず2回に1回成功する」というわけでもなく、長く続けていると5割の商談成功を収めているということであって、✕✕✕……と続いたり、◯◯◯◯◯……という場合もありえます。コインのオモテ・ウラの出方と同じです。

これは、確率というものが「前回の結果に左右されない性質（独立試行）」をもっているからです。もっとも、人間の場合には3回連続して商談に失敗すれば落ち込んで、次に尾を引く可能性もありますが、ここではそれは考えないものとします。

では、問題を1つやってみましょう。これは常識にとらわれず、よく考えてもらいたい問題です。

「ある町の町長選挙で2人の候補の得票数が同数となりました。そこで、コイントスで勝敗を決めることにしました。一発

勝負です。試しにコインを2回投げてみたところ、オモテが2回連続して出ました。さて、あなたならオモテに賭けますか、ウラで勝負に出ますか？ 情報はこれだけしかありません」

「選挙で同数決戦？ コイントスで決める？ そんな不自然なことはありえないでしょ……」と思わないでください。2015年春の熊本市議選では、最後の1議席をめぐって2候補が同数となり、公選法に基づいて、くじ引きで当選者を決定しました。珍しい事例ですが、ありえない話ではありません。

■ 3回目のコインをどちらに賭けるべきか？

多くの人は次のように考えるでしょう。

「コインのオモテ（またはウラ）が出る確率は $\frac{1}{2}$ だ。しかし、それは多数回繰り返したときに、$\frac{1}{2}$ に近づく確率にすぎない。だから、2回連続してオモテが出たからといって、そろそろウラが出る番とも言えない。よって『わからない』……」。

もっともな見解に思えますが、いまはどちらかに賭けて勝たなければなりません。そのとき、何かを根拠にして「確率の高いほう」に賭けるのです。

◉ 判断の根拠を探せ！

ここは「オモテ」に賭けると答えるべきです。なぜなら、現実のコインでオモテとウラが完璧に $\frac{1}{2}$ の比率で出るものは存在しません。そもそもこの問題では、「オモテとウラの出方が同様に確からしい」といった、確率で最も重要な文言が何も書かれていないのです。とすると、実績で考えていくしかありません。もしかすると、オモテ面とウラ面は重さの異なる金属でできていて、オモテのほうが確実に出やすいコインなのかもしれません。

ある中学校数学の教科書を見ると、「ペットボトルのキャップやボタンを投げたとき、上向きになる確率を知るにはどうすればいいか」と書かれています。答えは「実際に多数回投げてみるとよい」とあるように、「オモテ・ウラの出方が同様に確からしい」とは言えない形のものを投げるときには、実際に投げて確率を知るのが一番よい方法です。

この町長選挙のコイントスでは、2回の試し投げで2回とも「オモテ」だったのですから、その実績を考えると「オモテ！」と答えるのが町長への道です。

4-5 変わる確率、変わらない確率？

酔っぱらって帰宅したPさん。小雨に濡れて、背広がびしょびしょです。奥さんに「家を出るときもっていった傘はどうしたの？」と聞かれても、どこに置いてきたのかさっぱり思い出せません。A、B、Cの3軒をハシゴしたことだけは覚えていますが、店順が思い出せません。

奥さん　「しょうがないわね。じゃあ、そのA～Cのどこかの店だから、それぞれの店に置き忘れた可能性はどれも $\frac{1}{3}$ ずつの確率ね」

Pさん　「あ、そうだ。Aを出たときには雨が降っていて、傘を差したのを思い出した」

奥さん　「じゃ、BかCの2択だから、$\frac{1}{2}$ に変わったわね」

ということで、置き忘れた傘の居所は $\frac{1}{2}$ まで絞られたようです。

最初はどの店にも「$\frac{1}{3}$ の確率」で傘を置き忘れてきた可能性があったのに、「Aを出たときは傘を差していた」というPさんの記憶（情報）によって、Aは対象から外され、BとCの確率

は $\frac{1}{3}$ からともに $\frac{1}{2}$ に上がりました。

コインやサイコロの確率は情報によって上がったり下がったりはしませんが（コインのオモテが重いといった情報は別）、ものの性質によっては、確率が上がり下がりすることもあるようです。

● モンティ・ホール問題

「確率が変わる？ 変わらない？」ということで大論争になったのが「モンティ・ホール問題」です。アメリカのテレビ番組に、モンティ・ホールという司会者が登場するゲームショーがありました。

モンティがプレイヤー（参加者）に対し、次のようにゲームを説明します。

「さぁ、あなたの目の前には、A～Cの3つのトビラがあります。どれか1つのトビラの後ろに、賞品のクルマが置かれています。もし、あなたがそのクルマのあるトビラを言い当てられれば、そのクルマはあなたのものです」

そこで、プレイヤーが「A」と答えたとします。

「なるほど、Aですか。では、試しにBのトビラを開けてみましょう……。は～い、Bの後ろには何もありません、Bは外れでした。よかったですね。すると、クルマはAかCのいずれかにあります。さて、あなたに1つのチャンスをさしあげましょう。あなたは『A』を選びましたが、いまなら『Cに変更』して

もいいし、『Aのまま』でもOKです。さて、どうしますか？」

プレイヤーがそのままにして成功したか、変更して成功したか、あるいは……。その悲喜劇は本書には直接関係ありません。

● 変更したほうがトクか、変えないほうがいいか？

さて、本題に入りましょう。プレイヤーとしてはなんとかトビラを言い当てて、クルマをもらって帰りたい。A～Cのどれかのトビラの後ろにクルマがあるのですから、最初の確率は、それぞれ $\frac{1}{3}$ ずつで同等と考えてよいでしょう。プレイヤーはAを選択し、答えを知っている司会者のモンティはBのトビラを開けて「Bにはクルマはない」ことを示しました。

この段階で、クルマはAかCのどちらかです。最初は3択だったのが、「Bにはない」という情報を得たので、2択となりました（傘の置き忘れの話と似てきましたね）。

つまり、AもBも「確率 $\frac{1}{3}$ だったのが、新たな情報を得て確率 $\frac{1}{2}$ 」になった、だから変更してもしなくても同じ確率だ、となります。もちろん、プレイヤーの微妙な心理状況や心のブレは別として、どちらにあるかは同じ確率なので、「変更するかしないか」で当たる確率は変わることはない、という考えです。

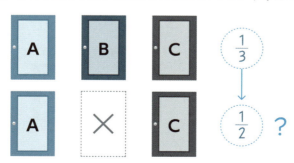

ところが、この番組を見ていたマリリン・ヴォス・サヴァント（知能指数が228で世界一とギネスに認定された女性ジャーナリスト）が「変更したほうが、当たる確率は2倍に増える」と言いだしたため、反論の嵐となったそうです。

　「そんなことはないよ、マリリン。A～Cの選択肢があったとき、確率は$\frac{1}{3}$だった。それが『Bにはクルマはない』とわかった段階で、確率はともに$\frac{1}{2}$になった。『最初に選択したものを他に変更すれば、当たる確率は2倍になる』というのは、とんでもない間違いだ。確率のイロハから勉強し直したまえ！」というわけです。

　さて、この論争、なかなか決着がつかず、コンピュータ・シミュレーションの結果により、「変更すると、当たる確率は2倍になる」ことが明らかとなり、一件落着です。でも、シミュレーションではしっくりこないので、ちょっと理屈で考えてみましょう。

● ブロックに分け、極端な例で考える

　次のように考えてみると、わかりやすいと思います。プレイヤーはAのトビラを選びました。Aが当たる確率は$\frac{1}{3}$です。ということは、残りのB、Cのトビラも$\frac{1}{3}$ずつの確率なので、プレイヤーが選ばなかった「B・C」は合わせて$\frac{2}{3}$の確率です。

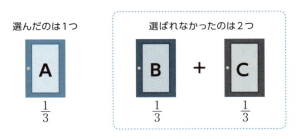

司会者のモンティは当たりのドアを知っているので、外れとわかっている「B」を開けます。この瞬間、「B・C」合わせて $\frac{2}{3}$ だった確率は、すべて「C」の確率 $\left(\frac{2}{3}\right)$ に移動となったので、

　　$A : C = \frac{1}{3} : \frac{2}{3} = 1 : 2$

となり、「プレイヤーがトビラを変更すると2倍の確率になる」という理屈です。それでも納得がいかない場合は、極端な事例で考えてみましょう。

　いま、トビラが3つではなく100あり、賞品のクルマはどれか1つのトビラの後ろにあるとします。回答者Pさんが1番を指定したとき、その1番が当たる確率はわずかに $\frac{1}{100}$。Pさんが選ばなかった「99のトビラ」のどこかに「当たり」が入っている確率は $\frac{99}{100}$。つまり、99倍の差があります。

　そして、Pさんが選ばなかった残り99のトビラを司会者が、「ここにもない、ここにも……」と、98のトビラを開けていきます。

　さぁ、残りが2つになったとき、残った2つは「2択」だから同じ確率なのか、それとも、Pさんの選んだ1番と残った1つのトビラとは99倍の差があるのか。

　もっと極端にしてみましょう。1万枚のカードがあって、1枚だけ「当たり」があり、Pさんが1枚だけ選びます。当然、Pさんの1枚が当たる確率は $\frac{1}{1000}$ です。残り9999枚の中に当たるカードが入っている確率は $\frac{9999}{10000}$ です。そして、司会者が9998枚をめくって「外れ」を示します。

　ここまでくると、「変更したほうがいい」と納得できるのではないでしょうか。

● 3囚人のパラドクス

モンティ・ホール問題とよく似ているものに、「3囚人のパラドクス」があります。

あるとき、3人の囚人A～Cの誰かに恩赦がおりることに決まりましたが、3人の誰であるかは教えられていません。しかし、恩赦されるかどうかは $\frac{1}{3}$ の確率なので、自分がその対象なのかどうかをどうしても知りたい。少なくとも、看守が知っていることは囚人も気がついています。

そこで囚人Aは知恵を働かせ、「3人に1人の確率だから、少なくともオレ以外のB、Cの2人のうち、1人は恩赦にならないと考えていいよね。だったら、『その恩赦にならない男の名前』だけでも教えてくれたっていいだろ」と。看守は「その通りだな」と考え、「Bは恩赦にならない」と答えたのです。

そこでAは「やった～！ オレが恩赦される確率は、看守に聞く前までは $\frac{1}{3}$ だったが、Bの可能性が消えたおかげで、$\frac{1}{2}$ まで上がったぞ」と喜んだとのこと。

本当に確率的に上がったのか、ぬか喜びにすぎなかったのかは、おわかりと思います。

「10回続いたらイカサマ」と断定していい？

丁半バクチでは2つのサイコロを投げ、その和が偶数なら「丁」、奇数であれば「半」とします。さまざまなパターンがありますが、「丁」ばかり出ていたら、イカサマかと疑われてしまいます。また、お客の「丁」「半」の声に対していつも逆の結果が出ていたら、これまたイカサマと見られてしまいます。

● 偶然なのか、偶然ではないのかを判定する

でも、「偶然（たまたま）」ということだって考えられます。そもそも、偶然かイカサマかの判断はむずかしいものがあります。たとえば、「丁・丁」と2回連続して丁が出る可能性は、

$$\frac{1}{2} \times \frac{1}{2} = \frac{1}{4} = 0.25$$

で、25%です。4回に1回なので、連続して丁が出てもそれほど違和感はありません。けれども、「丁・丁・丁・丁・丁・丁」と6回も連続すると、

$$\frac{1}{2} \times \frac{1}{2} \times \frac{1}{2} \times \frac{1}{2} \times \frac{1}{2} \times \frac{1}{2} = 0.015625$$

となり、1.5%ちょっとです。60〜70回に1回しか起こらない確率というのは、これは「怪しい＝イカサマ」と思われてもしかたありません。

大事なのは、「非常に低い確率だから怪しい、イカサマだ」というだけでは説得力がない、という点です。なぜなら、「怪しい」というのは曖昧で、人によって感覚も違います。イカサ

マ師は「珍しいことには違いないけれど、今回はたまたまだよ」と突っぱねることでしょう。誰もが納得するラインが必要です。

● あらかじめ「線引き」をしておく

そこで「数値」で明瞭なラインを引いておき、そのラインを超えるのは「偶然と考えるのはむずかしい＝何かウラがある」とあらかじめ決めておくのです。大事なのは「数値で決めておく」ことです。

そしてその線引きとしては、一般に「5％」が採用されています。20回に1回の珍しいことが起きれば「偶然ではない」と考えるのです。さらに厳密性を要求される場合には、1％という線引きもあります。

グラフで描くと、次のようになります。これは「正規分布曲線」と言って、テストの得点分布や、パンをつくったときの重量分布などが、このような対称の分布になりやすいことが知られています。この左右にある狭い範囲を足したものが5％で、たしかに、5％というのは珍しいこと（狭い範囲）に見えます。

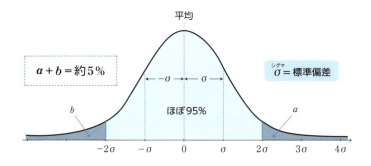

そうすると、「丁・丁・丁・丁・丁・丁」6回連続の1.5％という確率は5％以下のことなので相当珍しい（偶然とは思えない）レベルの出来事だと言えます。

なお、5％や1％以上に厳密性が求められることもあります。2012年に発見され、2013年に「あると考えてよい」と認定されたヒッグス粒子は99.9999％の確率で「確からしい」とされ（偶然が入り込む余地は0.0001％）、しかも別々の2チームで達成しているので、偶然の入り込む確率はさらに小さくなり、「ほぼ間違いない」と結論づけられたわけです。これは統計的視点からの発想です。

◉ 偶然の可能性は常に否定できない

1つ重要なのは、起こる確率が5％以下という結論が出たとき、「偶然とは言い難い」と考えることは合理的な判断ですが、「絶対に偶然では起きない」とは言えない点です。たとえばコイン投げでオモテが6回連続して出る確率は$\frac{1}{64}$なので1.5％にすぎず、「5％以下」ではあっても、たまたま、オモテが6回続くこともあり得ます。

5％や1％で線引きをし、さまざまな判断に使うのは推奨されることですが、「偶然」ということもあることを常にアタマの片隅に置いておくことも必要です。

相関を見つけて因果関係を探れ？

● 相関関係があれば因果関係も存在しやすい

下の左図は、太陽をはじめとする恒星の質量（重さ）と明るさの関係を表したグラフ（質量・光度関係）です。恒星は一般に大きな星ほど明るいことを示したものです。このようなものを「正の相関がある」と言います。

この場合の「正」というのは、恒星の質量が増せば増すほど、それに伴って明るさも増すという意味です。そして明らかに、この2つには因果関係もあります。

下の右図は「負の相関」です。たとえば、旅行パックの金額が高くなればなるほど、一般に参加者は減るでしょう。たしかに一部の豪華ツアーは人気があるかもしれませんが、一般的には右肩下がりの形になると予想されます。この両者にも因果関係がありそうです。

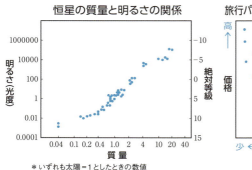

恒星の質量と明るさの関係

＊いずれも太陽＝1としたときの数値

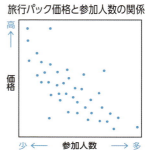

旅行パック価格と参加人数の関係

次の3枚の図をごらんください。左の図では点が全体に散らばっています。このようなものを「相関がない」と言います。これが商品やサービスなら、価格が上がろうが下がろうが、購入や参加の数などに顕著な影響がないことを示しています。間違えやすいのは、真ん中の図や右端の図で、これらは何か相関がありそうに見えますが、これも相関はありません。

相関というのはあくまでも、xが増えればyも増える（正の相関）、あるいはxが増えれば増えるほどyは減少する（負の相関）という、直線的なものを言います。

● 思わぬ相関を発見！　さてどうする？

次ページの左のグラフ（正の相関）を見てください。仮にこのグラフが、町ごとのコンビニの店舗数と歯医者さんの軒数を表したものだとします。これを見て、ある人が「きっと、コンビニの自動ドアの開閉音が人々の歯を悪くしている原因だ。この町に歯医者さんが多いのは、そのために違いない」と考えたとしたら、どうでしょうか。

もう1つ、次ページの右のグラフ（負の相関）も見てください。これが仮に、アイスクリームの販売量と風邪の患者数（月ごと）を示すものだったとします。ここである研究者が、「ま

だ知られていないけれど、アイスクリームには風邪を緩和・解毒する機序（しくみ）があるに違いない」と考えて、論文を学術雑誌に送っても、おそらく掲載されないでしょう。どうしてでしょうか。

たしかに、2つのグラフはそれぞれ正の相関、負の相関を示しているように見えます。しかし、相関関係があるように見えても、上記のような因果関係があるとは言えません。

コンビニの店舗数や歯医者さんの多さは、地域の人口（購買力）が大きく関係していると考えるほうが妥当でしょう。そもそも自動ドアはコンビニに限ったものではなく、他の店や病院、市役所にもあります。風邪とアイスクリームにも因果関係があるとは言えず、風邪は冬に罹りやすく、アイスクリームは暑い夏に多く売れるために負の相関になっている、と考えたほうが自然でしょう。

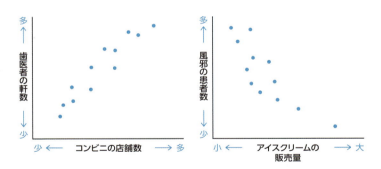

● 第三の要因が「擬似的な相関」を生み出す

上の2つのグラフはそれぞれ正の相関、負の相関を示しているため、因果関係があるかのように見えましたが、そのウラに

は、「人口」「季節」という第三の要因が隠れていました。その第三の要因が2つの間でたまたま強い相関関係をつくり出し、「因果関係がある」かのように見えていたにすぎません。このように、本当は何ら因果関係のない相関関係のことを「擬似相関」と言います。

　たとえば、「足の大きな小学生ほど、国語の漢字や諺をよく知っている」という下図のような結果があっても、それは、学年が上がるほど足が大きくなり、漢字もよく知っているだけかもしれません。

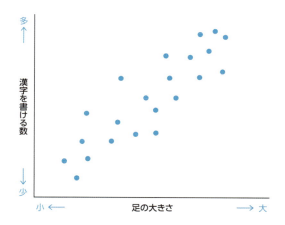

　きれいな正の相関、負の相関があると、ついつい「売上との因果関係を発見した！」「顧客の嗜好とマッチするデータを見つけた」と思いがちですが、擬似相関ではないかどうか、常に疑いの目を向ける必要があります。そんな視点でマーケティング資料などを見ていると、「第三の要因」が見えてくるものです。

4-8 C部長を絶望に追い込んだ検査結果

いつも元気なC部長が落ち込んでいます。どうしたのかと思って聞いてみると、「この前、ちょっと体調が悪かったので病院に行って精密検査をしてもらったんだ。その先生というのがオレの小学校時代の悪友で、『1万人に1人の確率で発生する難病Wの新しい検査薬が入ったんだ。受けてみるか？』というので受けたら、なんと陽性反応が出たんだよ。どうしよう……」と。

C部長の説明によると、難病Wはたしかに1万人に1人という病気で、その新しい検査薬がWの患者を発見する精度は99％だと言います。かなり高い精度です。ただし、本来はWの患者なのに「陰性」と出てしまう患者が1％いるわけですし、また、Wの患者ではないのに、「陽性」と誤って出てしまう人も1％いるとのこと。

C部長が本当に難病Wに罹っている確率はどのくらいだと考えればよいでしょうか？ 99％？ それは違います。

◉ 難病であればあるほど……

まず最初に、日本全体で難病Wの患者が何人いるのか、それを図で確認しながら計算してみましょう。

難病Wの患者は1万人に1人ですから、日本人をざっくり1億人とすると、全部で1万人の患者がいる（右図の①＋②）と推測されます。逆に、難病Wに罹っていない人は、

　　1億人 − 1万人 ＝ 9999万人

です（③＋④）。このうちの1％は「陽性」と誤判定をされてし

まいます。その人数（④）は、

9999万人 × 0.01 = 99万9900人

ところで、本当の難病患者は1万人いると推測されているものの、検査の精度は99%ですから、1万人のうち、

1万人 × 0.99 = 9900人

だけが「陽性反応」が出て（①）、残る100人（②）は、本当は難病Wに罹っているのに「陰性反応」が出て見落とされた形になります。こちらのほうが心配ですが、いまはC部長の悩みを解決しましょう。

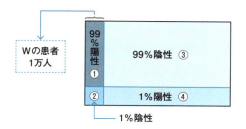

陽性反応が出た人の総計 = 99万9900人（④）+ 9900人（①）
= 100万9800人

うち、難病Wの患者数 = 9900人（①）

よって、C部長が本当に難病Wに罹っている確率は、

$\frac{9900}{1009800} \times 100 ≒ 0.9803922\%$

つまり、99%どころか、1%にも満たないのです。こうやってみると、人数の少ない難病であればあるほど、間違って「陽性反応」が出る割合が大きくなっていくことがわかります。

なお、C部長はその後、再検査に出掛け、「陰性反応」を得たということです。

COLUMN

湖の魚の数を推測する

　学術的な目的や地域での環境調査などで、どのような鳥や魚がどのくらい生息しているかを調べたいときがあります。アホウドリのように特定の島にしかいない場合は双眼鏡でも頭数を正確につかめるかもしれませんが、川や湖の魚の数などは、なかなか調べられません。

　1つの方法として、シンプルな推測法を利用するものがあります。ある湖の全部の魚の数をNとして推測したいと思います。調査は2回に分けて行ないます。2回に分けるのがミソです。

　まず1回目の調査で520匹を捕獲し、それに標識をつけて湖に戻すとします。捕獲する際には、1か所に偏らず、湖の各所、各深度に応じてまんべんなく捕獲するように気をつけます。捕獲した520匹は、湖全体の魚数Nに対してどの程度の割合なのか、この段階ではまだ見当もつきません。

　そこで、捕獲した魚を湖に戻し、十分に湖の各所に行き渡ったと考えられる頃に、第2回目の調査を行ないます。

　2回目では800匹捕獲したとします。その中に標識のついた魚が何匹いるかをカウントし、もし、35匹だったとすると、次のような関係があることに気づくでしょう。

湖全体の魚数(N)：800匹 ＝ 520匹：35匹

こうすることで、簡易に$N ≒ 11886$（匹）ほどと推定できます。

　最近では、湖に溶け出している魚のDNAから生息数を推測する方法も考えられているようです。

第5章

天文学者のコンピュータだった？「指数と対数」

5-1 超極大な世界へ、超微小な時間へ

「宇宙」という言葉は「宇＋宙」という文字でできていて、「宇＝広い空間」「宙＝過去から現在、未来にわたる悠久の時間」を指しています。

宇宙は計りしれないほど大きく、宇宙誕生後の時間も気の遠くなるほど長いものです。このためか、宇宙の大きさや時間を示すときは、10^5m、10^{20}m、あるいは10^{-34}秒のように、数字の右肩についた小さな数字をよく見かけます。これが「指数」と呼ばれるもので、別の言葉では「累乗」とも言いますし、昔は「べき」あるいは「べき乗」とも呼ばれていました。「冪」と書いて「べき」と読める人は少ないかもしれません。

❯ 広大な宇宙の計測は指数の形で

「宇宙の『宇』」、つまり宇宙空間の広がりから指数を見ていきましょう。たとえば、人間の身長を1mとします。「いや、人間は1.5〜1.8mぐらいある」と思うかもしれませんが、大ざっぱに考えれば、10^0m＝1mで、次の10^1＝10mですから、10^0mが一番近いと考えてもよいでしょう。10mに比べると、1mか1.5mかは"誤差の範囲"と考えます。

すると、次のように距離を指数で表せます。

- 人間の身長＝10^0m
- 地球の直径＝10^7m
- 太陽系の大きさ（海王星まで）＝10^{13}〜10^{14}m
- 1光年＝10^{16}m

- 銀河系の直径（10万光年）＝ 10^{21} m
- アンドロメダ銀河まで（200万光年）＝ 10^{22} m

　もし、これをmではなくkmで表したとしても「銀河系の直径は1,000,000,000,000,000,000km」では書くのも煩わしいし、0がいくつあるかを数える手間がたいへんです。これを指数で書けば「10^{18} km」で済みます。書くのもラク、0の数を伝えるのも確実です。

● 指数にはマイナスの形もある

　次に「宇宙の『宙』」、つまり時間をもとに極小の時間＝「マイナスの指数」を見てみましょう。指数はプラスばかりではなく、マイナスにもなるのです。

　宇宙はおよそ138億年前に誕生し、その誕生直後、つまりわずか10^{-36}～10^{-34}秒後のきわめて短い間に、驚異的な急速膨張を遂げたとされています。

　どのくらい大きくなったかというと、一説によれば、宇宙がビー玉サイズだったと仮定すれば、次の瞬間、銀河系の大きさになったようなもので、このため「光よりもはるかに高速に宇宙は膨張した」と言われています。これを「インフレーション宇宙の時代」と呼んでいます。

　ここで大事なのは「10^{-36}秒」といった表記です。指数がマイナスになっています。「マイナス？　時間を過去に遡る？」というわけではありません。数直線で表すと、10^0秒＝1秒よりも短い時間のことというだけで、過去に行くわけではありません。$10^{-36} = \dfrac{1}{10^{36}}$ です。このことは、次項以降で説明します。

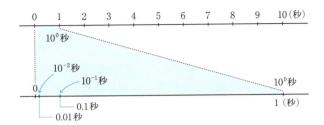

このインフレーション宇宙の時代から、灼熱のビッグバンの時代に移りますが、これも宇宙誕生の10^{-34}秒後のことで、さらに10^{-4}秒後からは陽子や中性子が生まれ始めます。10^{-4}秒とは、0.0001秒のことです。

こうしてようやく1秒(10^0秒)が過ぎ、38万年後($3.8×10^5$年)には、それまで光が電子などに進行をじゃまされて直進できなかった空間に水素原子ができ始め(陽子が電子を捕獲し)、宇宙空間がスカスカになった(宇宙の晴れ上がり)のです。その138億年後($1.38×10^{10}$年)の世界が「いま」なのです。

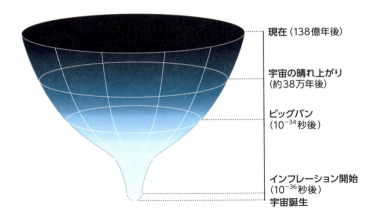

5-2 指数の計算はシンプルな法則で

あまりに大きな数や、逆に極小のものを表すのに便利なのが指数でした。指数を使えば、$10 \times 10 = 10^2$、$10 \times 10 \times 10 = 10^3$のように、同じものを掛け合わせるときに略せます。

10に限らず、$2 \times 2 \times 2 \times 2 \times 2 = 2^5$ですし、$7 \times 7 \times 7 = 7^3$です。

● 10^0は？ 10^{-4}はいくつになる？

では、10^0とは「10を0回掛ける」ということでしょうか。さらに、10^{-4}秒のように指数がマイナスになると、「10をマイナス4回掛ける」という意味でしょうか。さっぱりわからなくなってきます。「0乗」については第1章❸でも説明しましたが、もう一度見ておくと、たとえば、$7^5 \div 7^5 = 7^{5-5} = 7^0$です。そして、$7^5 \div 7^5$とは、

$$7^5 \div 7^5 = \frac{\cancel{7} \times \cancel{7} \times \cancel{7} \times \cancel{7} \times \cancel{7}}{\cancel{7} \times \cancel{7} \times \cancel{7} \times \cancel{7} \times \cancel{7}} = 1$$

ですから、$7^0 = 1$となります。

ところで、1乗の場合は$5^1 = 5$ですし、$7^1 = 7$、そして$10^1 = 10$ですね。同じ1乗でも、もとの数が変われば、それにしたがって答えも変わっていきました。

けれども、「0乗」だけは特殊です。上の式からも明らかなように、$7^0 = 1$だけでなく、$2^0 = 1$ですし、$10^0 = 1$です。それどころか、$100^0 = 1$、$10000^0 = 1$ということになります。

では、10^{-4}秒のように指数がマイナスになる場合は、どのようになるのでしょうか。

たとえば、$10^2 \div 10^3 = 10^{2-3} = 10^{-1}$です。そして、

$$10^2 \div 10^3 = \frac{10 \times 10}{10 \times 10 \times 10} = \frac{1}{10}$$

ですから、$10^{-1} = \dfrac{1}{10}$ となります。指数がマイナスになっている a^{-m}はa^mの逆数で $\dfrac{1}{a^m}$ を表しますから、10^{-1}は $\dfrac{1}{10^1} = \dfrac{1}{10}$ です。

$$a^m \div a^n = \frac{a^m}{a^n} = a^{m-n}$$

● $10^{\frac{1}{2}}$とはどのようなものか?

もう1つ知っておきたいのが、$10^{\frac{1}{2}}$、$3^{\frac{1}{2}}$のような「指数が分数の場合の計算法則」です。分数なのだから、$\dfrac{1}{2}$ や $\dfrac{1}{3}$ の分母を払ってあげればいいでしょう。そのためには、2乗や3乗をすればよいのです。

$$\left(10^{\frac{1}{2}}\right)^2 = 10 \qquad \left(5^{\frac{1}{3}}\right)^3 = 5$$

このことからわかるのは、$\dfrac{1}{2}$ 乗というのは平方根であり、$\dfrac{1}{3}$ 乗というのは立方根ということです。

● 指数関数は急激に増える関数

このように、a^mで指数が整数、負の数、分数などいろいろな場合がありますが、a^mの a を「底」と言い、$y = a^x$となる関数を「aを底とする指数関数」と呼んでいます。

指数関数がどういうグラフになるか、ちょっと見ておきましょう。例として、$y = 2^x$を描いてみます。

$y = 2^x$で、$x = 0$のときは$y = 1$です。これは2^0に限らず、5^0も10^0も、0乗は必ず「1」になることは、すでに述べた通りです。他にも、xに1や2など適当な数値を入れてyの値を計算し、次の表をつくってみました。

これを見ると、xがマイナスになっても、$y = 2^x$の関数は0に近づいていくだけで、マイナスにはならないことがわかります。しかし、xがプラスになると、$y = 2^x$は急激に値を大きくしていきます。

x	……	-3	-2	-1	0	1	2	3	……
$y = 2^x$	……	$\frac{1}{8}$	$\frac{1}{4}$	$\frac{1}{2}$	1	2	4	8	……

同様に、もう1つ、$y = 10^x$という指数関数についても調べてみました。こちらも

x	……	-3	-2	-1	0	1	2	3	……
$y = 10^x$	……	$\frac{1}{1000}$	$\frac{1}{100}$	$\frac{1}{10}$	1	10	100	1000	……

これら2つの指数関数をグラフにしたのが次ページの図です。こちらも$x = 0$のときは$y = 1$です。そしてxがマイナスの値になっても、yはやはり0に限りなく近づいていくだけで、どうやらマイナスにはならないようです。

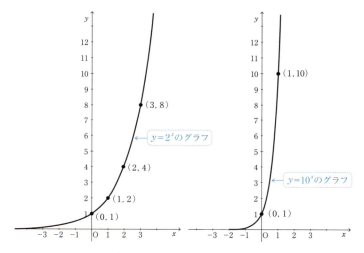

■ 宇宙膨張にも似た指数関数の増大ぶり

$y=2^x$に比べ、$y=10^x$は非常に急峻です。xがプラス側で少し増えただけで、すぐに領域をハミ出してしまいました。

●『人口論』と宇宙膨張の共通点は「指数関数的」

イギリスのロバート・マルサスは、1798年に刊行された『人口論』の中で、「人口は幾何級数的に増大するが、食糧は算術級数的にしか増大しない」と述べています。この幾何級数的とは「等比数」のことで、結局それは指数関数と同じ意味です。

また、前項で「インフレーション宇宙」の話をしました。この理論は1981年に日本人の佐藤勝彦氏が最初に発表したもので、当初の佐藤氏のネーミングは「指数関数的膨張」でした。宇宙初期の膨張のすさまじさを「指数関数」という言葉に込めたところに、指数膨張の凄さを感じます。

5-3 対数は桁数をかんたんに教えてくれる

世の中には10進数ばかりではなく2進数も存在しますが、2^{50} と言われても桁を知ることさえたいへんです。桁数を知るのに便利なのが「対数」です。対数は指数とペアの関係にあり、

$$x = 10^y \text{ のとき} \longrightarrow \boxed{y = \log_{10} x}$$

というのが「対数」の定義です。このとき、$\log_{10} x$ の10を「底」と呼びます。底が10の場合を特別に「常用対数」と言います。常用対数は使用頻度が高いため、底の10は省略してもよいことになっています。底が2や3の場合は省略できません。少し数字を入れて確かめてみましょう。

$x = 10^y$ で $y = 0$ のとき $x = 1$ 　　　$\therefore \log 1 = \log 10^0 = 0$
（底の10は省略。以下同様）

$x = 10^y$ で $y = 1$ のとき $x = 10$ 　　　$\therefore \log 10 = \log 10^1 = 1$

$x = 10^y$ で $y = 2$ のとき $x = 100$ 　　　$\therefore \log 100 = \log 10^2 = 2$

要するに、$\log 10^n = n$ となるのです。

● 指数 ⇄ 対数のトレーニング

では、対数で桁数をどのようにして知ることができるのかを考えてみましょう。

まず、$y = \log x$（底が10）で、x が1桁の数だとすると、

$$1 \leq x < 10$$

です。ここで対数を取ると、

$$\log 1 \leqq \log x < \log 10 \longrightarrow 0 \leqq \log x < 1 \quad \cdots\cdots\cdots\cdots ①$$

よって、「x が1桁の数の場合、$\log x$ は0.×××の形」になることがわかりました。「0.×××」は整数部分が「0」であり、「×××」の部分には小数以下の端数が入ります。

次に、x が2桁の数だとすると、

$$10 \leqq x < 100$$

です。ここで対数を取ると、

$$\log 10 \leqq \log x < \log 100 \longrightarrow 1 \leqq \log x < 2 \quad \cdots\cdots\cdots\cdots ②$$

よって、「x が2桁の数の場合、$\log x$ は1.×××の形」になることがわかりました。つまり、整数部分は「1」です。

さらに、x が3桁の数だとすると、

$$100 \leqq x < 1000$$

です。ここで対数を取ると、

$$\log 100 \leqq \log x < \log 1000 \longrightarrow 2 \leqq \log x < 3 \quad \cdots\cdots\cdots ③$$

よって「x が3桁の数の場合、$\log x$ は2.×××の形」になることがわかりました。これは整数部分が「2」です。まとめると、

x が1桁の場合　　$\log x = 0.×××$ の形

x が2桁の場合　　$\log x = 1.×××$ の形

x が3桁の場合　　$\log x = 2.×××$ の形

となります。ここで右辺の0、1、2の整数部分を「**指標**」、「×××」の小数部分を「**仮数**」と呼びます。ここで重要なのは、

桁数 = 指標（整数部分）+ 1

仮数 = 実際の細かい数（対数表から調べる）

となることです。この指標と仮数とが大きな力を発揮する事例を次の項で見てみましょう。

紙を100回折ると、宇宙の果てまで？

次の問題を考えてください。

> 【問題】いま、厚さ0.1mmの紙があります。これを100回折ったとき、そのおおよその厚さを求めなさい。

1回折れば紙は元の2倍（2^1）の厚さになり、2回折れば4倍（2^2）に、3回折れば8倍になり（2^3）……、結局、100回折れば2^{100}倍になります。ですから、0.1×2^{100} mmとなりますが、具体的に「2^{100} mm」ってどのくらいの長さなのか、わかりませんね。ですから、0.1×2^{100} mmを10の累乗の形に直すことを考えます。

❯ 特殊なケースでは、かんたんに解けることも……

実は、2^{100}という特殊なケースでは、かんたんに概数を求めることができます。2の累乗を順に見ていくと、

$2^1 = 2$ $\qquad 2^2 = 4$ $\qquad 2^3 = 8$
$2^4 = 16$ $\qquad 2^5 = 32$ $\qquad 2^6 = 64$
$2^7 = 128$ $\qquad 2^8 = 256$ $\qquad 2^9 = 512$
$2^{10} = 1024$ ……

こうして、$2^{10} = 1024$で、ほぼ1000と考えてしまうのです。これを利用すると、

$$2^{100} = (2^{10})^{10} ≒ (10^3)^{10}$$

ですね。よって、$2^{100} ≒ 10^{30}$ です。紙の厚さは $0.1\,\mathrm{mm}$ なので、$10^{30} \times 0.1\,\mathrm{mm} = 10^{29}\,\mathrm{mm}$ とわかりました。これを km に直すと、$1\,\mathrm{km} = 1000\,\mathrm{m} = (1000)^2\,\mathrm{mm} = 10^6\,\mathrm{mm}$ なので、

$$10^{29}\,\mathrm{mm} \div 10^6 = 10^{23}\,\mathrm{km}$$

よって、$10^{23}\,\mathrm{km}$ と答えればいいでしょう。光が1年間に進む距離、つまり1光年はおおよそ10兆 km($10^{13}\,\mathrm{km}$：正確には9.46兆 km)なので、

$$10^{23}\,\mathrm{km} \div 10^{13}\,\mathrm{km} = 10^{10}(光年)$$

10^{10} 光年 = 100億光年です。観測できる宇宙の大きさは「宇宙の年齢」で決まっていて、現在、約138億光年までしか観測できません。紙を100回折れば、それに近い距離になるということです(実際の宇宙はもっと広いとされています)。

◎ 桁数を求めてみる

ところで、いまは $2^{100} ≒ 10^{30}$ がたまたま使えましたが、7^{30} や 3^{52} では使えません。2^{100} のような特殊なケースではなく、どんな場合でも使えるようにしたい(一般化と言います)……。そんなときこそ、対数の出番です。対数の指標と仮数から「桁数と最初のいくつかの数」を出すのです。

まず、0.1×2^{100} の対数を次のように取ります。常用対数なので、底の10を省略しました。

0.1×2^{100} の対数(log)を取る $\longrightarrow$ $\log(0.1 \times 2^{100})$

0.1×2^{100} mm の概数を求める

両者のカッコ内を比較

$\log(0.1 \times 2^{100})$ ← 0.1×2^{100} の対数を取る

$= \log(10^{-1} \times 2^{100})$

$0.1 = 10^{-1}$ なので

$= \log 10^{-1} + \log 2^{100}$

logの中のかけ算は
たし算にできる
$\log(A \times B) = \log A + \log B$

$= (-1)\log 10 + 100\log 2$

logの累乗は前にもってくる
$\log A^n = n \log A$

$= -1 + 100 \times 0.3010$

$\log_{10} 10 = 1$

$\log 2 = 0.3010$
(次ページの対数表から)

$= -1 + 30.10$

$= 29.10$ ← 29 = 指標、0.10 = 仮数

$29 = \log 10^{29}$, $0.10 = \log 1.26$ ← 次ページの対数表から

よって、

$29.10 = \log 10^{29} + \log 1.26$

$= \log(1.26 \times 10^{29})$

∴ $0.1 \times 2^{100} = 1.26 \times 10^{29}$

対数の計算法則は多くありません。実際の計算の手順は上記を見ていただくことにして、

$\log(0.1 \times 2^{100}) = 29.10$

という計算結果が出ました。整数部分の29が指標と呼ばれる

常用対数表

> 0.10はこの0.1004が一番近い。左の「1.2」と上の「6」からlog1.26と読み取れる。

数	0	1	2	3	4	5	6	7	8	9
1.0	.0000	.0043	.0086	.0128	.0170	.0212	.0253	.0294	.0334	.0374
1.1	.0414	.0453	.0492	.0531	.0569	.0607	.0645	.0682	.0719	.0755
1.2	.0792	.0828	.0864	.0899	.0934	.0969	.1004	.1038	.1072	.1106
1.3	.1139	.1173	.1206	.1239	.1271	.1303	.1335	.1367	.1399	.1430
1.4	.1461	.1492	.1523	.1553	.1584	.1614	.1644	.1673	.1703	.1732
1.5	.1761	.1790	.1818	.1847	.1875	.1903	.1931	.1959	.1987	.2014
1.6	.2041	.2068	.2095	.2122	.2148	.2175	.2201	.2227	.2253	.2279
1.7	.2304	.2330	.2355	.2380	.2405	.2430	.2455	.2480	.2504	.2529
1.8	.2553	.2577	.2601	.2625	.2648	.2672	.2695	.2718	.2742	.2765
1.9	.2788	.2810	.2833	.2856	.2878	.2900	.2923	.2945	.2967	.2989
2.0	.3010	.3032	.3054	.3075	.3096	.3118	.3139	.3160	.3181	.3201
2.1	.3222	.3243	.3263	.3284	.3304	.3324	.3345	.3365	.3385	.3404
2.2	.3424	.3444	.3464	.3483	.3502	.3522	.3541	.3560	.3579	.3598
2.3	.3617	.3636	.3655	.3674	.3692	.3711	.3729	.3747	.3766	.3784
2.4	.3802	.3820	.3838	.3856	.3874	.3892	.3909	.3927	.3945	.3962

> log2をlog2.00とすると、0.3010が該当するlog2=0.3010

■ 対数表から必要な数値を読み取る

ものでした。指標29に1を加えて、29 + 1 = 30から、この数は10進数で30桁の数とわかります。また、小数部分の0.10が仮数でした。これは対数表で調べてみると、0.10 = log1.26とわかります。よって、

$$29.10 = \log 10^{29} + \log 1.26 \quad (底は10)$$
$$= \log(1.26 \times 10^{29})$$

これが $\log(0.1 \times 2^{100})$ と等しいのだから、

$$\log(0.1 \times 2^{100}) = \log(1.26 \times 10^{29})$$

カッコの中を比較して、

$$0.1 \times 2^{100} \text{mm} = 1.26 \times 10^{29} \text{mm} = 1.26 \times 10^{23} \text{km}$$
$$(10^6 \text{mm} = 10^3 \text{m} = 1 \text{km})$$

とわかります。

ここで、「1光年 ≒ 10兆km(10^{13}km)」という概算を利用すると、

$$1.26 \times 10^{23} \mathrm{km} \div 10^{13} \mathrm{km} = 1.26 \times 10^{10} 光年 = 126億光年$$

です。

先ほどの「100億光年」よりも精緻な結果が出ました。さらに、1光年 = 10^{13}kmではなく、1光年 = 9.460×10^{12}kmとして厳密に計算し直すと(1光年 = 9,460,730,472,580km)、

$$1.26 \times 10^{23} \mathrm{km} \div (9.460 \times 10^{12} \mathrm{km}) = 133億光年$$

と計算できます。

■ **紙を100回折れば宇宙の果て近くまで行ける?**

観測できる宇宙の大きさは138億光年と言われているので、厚さ0.1mmの紙を100回折ることができれば、ほぼその距離まで届く、という計算になります。

5 ケプラーの法則と対数グラフ

● pHは1違うと10倍異なる

ホームセンターなどに行くと、pH試験紙などを購入している人をよく見かけます。水草水槽の趣味をもっている人や金魚を飼っている人は、水槽内のpH（ペーハー、ピーエイチ）をけっこう気にするからです。水草水槽、熱帯魚、金魚などはおおむね、pH7より少し酸性ぐらいがよいようです。

このpHは「酸性・アルカリ性の度合い」を示すもので、実は指数・対数が使われている一例です。

このpHは、水溶液中に水素イオン（H^+）がどのくらい入っ

pH	0	1	3	5	7	9	11	13	14
$[H^+]$	1	10^{-1}	10^{-3}	10^{-5}	10^{-7}	10^{-9}	10^{-11}	10^{-13}	10^{-14}
$[OH^-]$	10^{-14}	10^{-13}	10^{-11}	10^{-9}	10^{-7}	10^{-5}	10^{-3}	10^{-1}	1

■ pHと$[H^+]$、$[OH^-]$の関係

ているかという濃度を表す数値で、pH 11であれば、水素イオンは1L中に0.00000000001モルしか入っていない、という微量なものです。前ページの表を見るとわかるように、pHが1違うと、溶液中の水素イオン濃度は10倍違うことになります。

そして、pHが7であれば中性を示し、7よりも値が小さいほど酸性が強く、7よりも値が大きくなるほどアルカリ性が強くなります。

● マグニチュードは1違うとエネルギーが32倍も違う

地震のエネルギーの大きさを示すマグニチュードにも、指数関数が使われています。マグニチュードと地震のエネルギーの大きさの関係は次の式で決められています(底の10は省略)。

$$\log E = 4.8 + 1.5 M$$

Eは地震のエネルギーで、Mはそのときのマグニチュードです。この式から、マグニチュードが2増えれば$\log E$が3増えるので、Eが10^3倍だけ大きくなることがわかります。また、マグニチュードが1増えれば、$\log E$が1.5増えるので、Eは$10^{1.5}$ = 31.622倍増えます。

実際に計算すると、下の表のようになります。

	$M=5$	$M=6$	$M=7$
$\log E$の値	12.3	13.8	15.3
Eの値	1.99526×10^{12}	6.30957×10^{13}	1.99526×10^{15}
Mが1違うとき		31.622倍	31.622倍
Mが2違うとき			1000倍

このように、マグニチュードはpHとは異なり、1違うだけで31.6倍も違い、2違うと1000倍も異なるのです。

ケプラーの法則は対数グラフなら明らか

ティコ・ブラーエ（1546〜1601年）の死後、膨大な天文データを受け取ったのがケプラー（1571〜1630年）です。彼は恩師ティコの遺した膨大なデータを読み解き、3つの法則を発表しています。中でも、対数との関係でいえば、ケプラーの第三法則（1619年）をあげるのがよいでしょう。

[**ケプラーの第三法則**]

「惑星の公転周期の2乗は、軌道長半径の3乗に比例する」

太陽系の惑星を内惑星から並べていくと、水星、金星、地球、火星、木星……と、外に行けば行くほど、その距離は太陽から遠くなっていきます。また、公転周期は太陽に一番近い水星は88日なのに対し、海王星は165年もかかります。

	軌道長半径 (AU) = a	公転周期 (年) = T	$\dfrac{T}{a}$	$\dfrac{T^2}{a^3}$
水 星	0.387	0.24	0.620	0.994
金 星	0.723	0.62	0.858	1.017
地 球	1	1	1	1
火 星	1.52	1.88	1.237	1.006
木 星	5.20	11.86	2.281	1.000
土 星	9.555	29.46	3.083	0.995
天王星	19.218	84.02	4.372	0.995
海王星	30.11	164.77	5.572	0.995

■ **惑星の軌道長半径と公転周期の関係**

さて、ここで軌道長半径と公転周期の間に何らかの関係があるのではないかと考えたとして、前ページの表のように、単純に「公転周期÷軌道長半径」$\left(\dfrac{T}{a}\right)$を計算しても、0.620〜5.572までバラバラです。そこで使われるのが対数グラフと呼ばれるものです。ヨコ軸は通常の目盛で、タテ軸は1目盛が10倍違う「半対数（片対数）グラフ」や、両軸とも対数を使った「両対数グラフ」などが使われます。

表のデータを両対数グラフにプロットしてみると、次のようにきれいな直線を得ることができます。

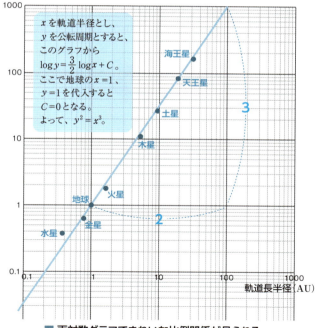

xを軌道半径とし、yを公転周期とすると、このグラフから
$\log y = \dfrac{3}{2} \log x + C$。
ここで地球の$x = 1$、$y = 1$を代入すると
$C = 0$となる。
よって、$y^2 = x^3$。

■ 両対数グラフできれいな比例関係が見られる

◆ 対数グラフの威力

本章 ❷ でも紹介した $y = 10^x$ は、左下のグラフのように、$x = 2$ 以下では x 軸にへばりつくような形で推移し、$x = 3$、$x = 4$ くらいでは動きがかろうじて見られますが、その後はあまりにも急峻な増大に転じるため、タテ軸の目盛が80000まであってもグラフを飛び出してしまいます。

これでは、グラフからその傾向を探る、他のグラフとの違いを見る、といったことは、とうていできません。

しかし、それを右下のような半対数グラフに変えることで、傾きもしっかりと捉えることができます。タテ軸で1つの目盛が 10、100、1000 と10倍ずつ変化していることに注意してください。

対数は大きな数、小さな数の計算に威力を発揮するだけでなく、このようにグラフを見て関係を直感的に考えていく際にも大きな力を発揮してくれるのです。

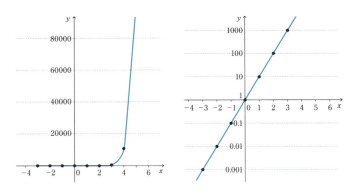

■ 通常の処理をしたグラフ（左）と半対数グラフ（右）

第6章 世界はサインカーブでできている！

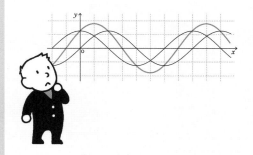

6-1 三角比だけでもさまざまな問題が解ける

三角関数のおおもとは、ピタゴラスの定理まで遡ることができます。ピタゴラス派の人々は下のようなタイルを見て、そのヒントを得たという逸話もあります。

「**ピタゴラスの定理**」とは、「直角三角形があるとき、その斜辺の2乗は、他の辺の2乗の和に等しい」というものです。

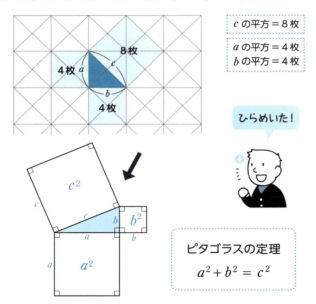

cの平方＝8枚

aの平方＝4枚
bの平方＝4枚

ひらめいた！

ピタゴラスの定理
$a^2 + b^2 = c^2$

しかし、このタイルで「直角三角形でピタゴラスの定理を証明した」というのは無理があります。なぜなら、これは直角二等辺三角形という、直角三角形の中でも特殊な形状をしている

ものだからです。たしかに直感的な理解には役立ちますが、直角三角形一般に成り立つ証明とは言えないからです。

実はピタゴラスの定理については、無数とも言えるほどの証明があります。その中でも、下のような証明が一番直感的に理解できるのではないでしょうか。

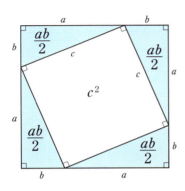

c^2 の面積は？

全体の面積 $= (a+b)^2$

1つの三角形の面積は $\frac{ab}{2}$ で、全部で4つあるから $2ab$ なので、

c^2 **の面積**は、全体から $2ab$ を引いて、

$$c^2 = (a+b)^2 - 4 \times \frac{ab}{2}$$
$$= (a+b)^2 - 2ab$$

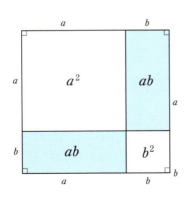

$a^2 + b^2$ の面積は？

全体の面積 $= (a+b)^2$

1つの長方形の面積は ab で、全部で2つあるから $2ab$、よって、

$a^2 + b^2$ **の面積**は、全体から $2ab$ を引いて、

$$a^2 + b^2 = (a+b)^2 - 2ab$$

よって、

$$c^2 = a^2 + b^2$$

● ピタゴラスの定理と無理数

さて、ここでピタゴラス派は窮地に陥ります。先ほどのようなタイル（直角二等辺三角形）があったとき、1辺 = 1 とすると、斜辺の長さは $1^2 + 1^2 = 2$ となります。これは斜辺の長さを x としたとき、$x^2 = 2$ となる数で、$\sqrt{2} = 1.41421356\cdots\cdots$ という、どこまでも無限に続く「無理数」になることは、現在、よく知られています。

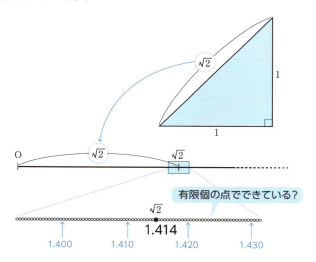

ピタゴラス派が困った理由は、「線というのは、極小の有限個の点の集まりでできている」と考えていたからです。どこまでも永遠に続く分割できない数の存在など、彼らの教義にとってはありえない存在であり、彼らにとって「数」といえば整数か、あるいは整数で表せる分数だけだったのです。そこでピタゴラス派は無理数の存在を隠したと言われています。

6-2 三角比を利用してみよう

ピタゴラスの定理を実用的に使っていたとされるのが、古代エジプトで「縄張り師」と呼ばれた人々です(縄張り師の真偽は定かではないので、ここでは逸話として紹介しておきます)。

エジプトではナイル川が氾濫すると、いまのエチオピア地方から肥沃な土壌がエジプトにもたらされました。しかし、その恵みと引き替えに、それまでの土地の区画がすべて消えるという大きな損失も被ることになります。これはたいへん面倒なことです。それを再整理する際に縄張師は、一定間隔で印のついた縄を使って測量していたのではないか、と言われているのです。

さて、特定の比率の三角形をつくると、直角をつくることができます。たとえば、「3:4:5」です。インドでは「5:12:13」が知られていたとされます。いずれも、

$$3^2 + 4^2 = 5^2、\quad 5^2 + 12^2 = 13^2$$

と、ピタゴラスの定理が成り立ちます。

あ、直角ができた

■ **ピタゴラス数と呼ばれる自然数の組(例)**

このように、ピタゴラスの定理（$a^2 + b^2 = c^2$）を満たすような自然数の組（3:4:5や5:12:13など）のことをピタゴラス数と呼んでいます。

● 三角比で多くのものが計測できる

　直角三角形には、ピタゴラス数（3:4:5）のような辺の比だけでなく、「角度と辺の長さの関係」も知られています。有名なのが、直角以外が30°と60°の直角三角形の場合と、直角以外の2つの角がいずれも45°の場合です。

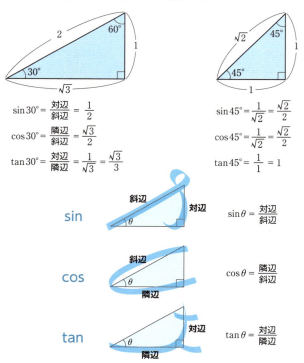

$$\sin 30° = \frac{対辺}{斜辺} = \frac{1}{2}$$

$$\cos 30° = \frac{隣辺}{斜辺} = \frac{\sqrt{3}}{2}$$

$$\tan 30° = \frac{対辺}{隣辺} = \frac{1}{\sqrt{3}} = \frac{\sqrt{3}}{3}$$

$$\sin 45° = \frac{1}{\sqrt{2}} = \frac{\sqrt{2}}{2}$$

$$\cos 45° = \frac{1}{\sqrt{2}} = \frac{\sqrt{2}}{2}$$

$$\tan 45° = \frac{1}{1} = 1$$

$$\sin\theta = \frac{対辺}{斜辺}$$

$$\cos\theta = \frac{隣辺}{斜辺}$$

$$\tan\theta = \frac{対辺}{隣辺}$$

❯ 木の高さを測る

この角度と辺の関係をうまく利用したのが、『塵劫記(じんこうき)』にも出てくる、木の高さを測る問題です。木の高さは本来であれば登らなければわかりません。けれども、下図のようにすることで、木の高さをかんたんに計測できると考えたそうです。

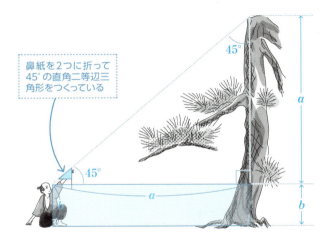

鼻紙を2つに折って45°の直角二等辺三角形をつくっている

この方法は実際には相似を利用しているのですが、直角三角形で角度が45°の場合、「斜辺以外の2辺は等しい」というのは三角比の利用と言えます。この角度と辺の関係を利用することで、人が仰角45°となる地点まで移動することで、木の高さを測ることができるのです。

まず、木の高さは $a+b$ (上図右端) です。そして a は木から人までの距離 (直角二等辺三角形なので)、b は人の目の高さと同じです。こうして木の高さ $a+b$ が求められます。

この計測している人がもっているのは、なんと「鼻紙」です。

鼻紙を折って45°の角度をもつ直角二等辺三角形をつくり、それによって「木までの距離＋目の高さ＝木の高さ」として解いているのです。

そういえば、幕末に江戸を訪れたシュリーマンは、日本人の多くが鼻紙を携帯し、鼻水を処理しているのを見て、「ヨーロッパ人よりも清潔」と感心しています。いつも鼻紙を携帯しているからこそ、こんな方法を考えついたのかもしれません。

◉ 池に浮かぶ島までの距離を測る

直接測れないものとしては、下図のような池があって、中に島があるとき、そこまでの距離を測るという場合にも、三角比が役立ちます。

この場合、池の岸A〜B＝100ｍであれば、島までの距離A〜Cも100ｍです。また、岸D〜E＝90ｍであれば、D〜Cは、

$$90 \times \sqrt{3} = 90 \times 1.732 = 155.9$$

で約156ｍと速算できます。

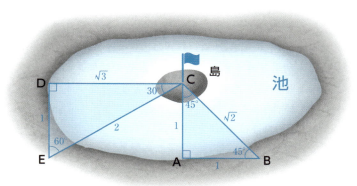

■ 池の中の島までの距離は直接測れないが……

❯ ターレスのピラミッド計測

 他にも、ターレス（紀元前624頃～同546年頃）が1本の棒を使い、ピラミッドの高さを相似で導き出したという逸話はあまりにも有名です。たとえばピラミッドに直角に太陽の光が差し込むときを利用すると、棒の長さと影の比、ピラミッドの高さとその影の比で求めることができます。

 一番かんたんなのは、「棒の長さ＝棒の影の長さ」となるときを見計らって、ピラミッドの影の長さを測ることです。このような相似の考えを拡張したのが三角比なのです。

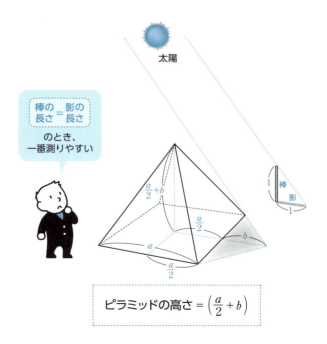

ピラミッドの高さ $= \left(\dfrac{a}{2} + b \right)$

3 宇宙を測る三角関数

● 近い恒星までの距離を三角比で計測してみる

月や火星などまでの距離を測る場合、レーザーを直接、その惑星や衛星に当て、レーザーが反射して戻ってくるまでの時間を測れば正確に距離を測定できます。けれども、恒星にレーザー光を当てても、レーザーは反射して戻ってきません。

比較的近距離の恒星までの距離を測るには、三角比を応用する方法があります。

ここでは恒星 X までの距離を、地球の年周視差を用いて三角比から導いてみましょう。人間が両眼の視差を使って距離を推測するように、地球の公転を視差として利用するのです。

いま、地球が E_1 の位置にいるときには、恒星 X は A の方向にあるように見え、地球が半年かけて公転して E_2 の位置から見ると、恒星 X は B の方向にあるように見えます。

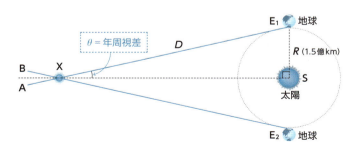

■ 恒星 X までの距離 D を求めるには、三角比を利用する

地球から恒星Xまでの距離Dは、地球と太陽との距離（公転円の半径）を$R = 1億5000万\,\mathrm{km}$とすると、$\sin\theta = \dfrac{対辺}{斜辺}$なので、

$$\sin\theta = \frac{R}{D} \text{から、} \quad D = \frac{R}{\sin\theta} = \frac{1.5 \times 10^8}{\sin\theta}\,\mathrm{km} \quad \cdots\cdots\cdots ①$$

で求められます。

シンプルな三角比の原理を使うことで、比較的近い恒星までの距離を実用的なレベルで測定できるというのは驚きです。

● 一番近いケンタウルス座α星までの距離を求める

一番近い恒星と言われるケンタウルス座$α$星（4.39光年）の年周視差は「742ミリ秒（= 0.742秒）」です。

$$1度(°) = 60分('), \quad 1分 = 60秒('')$$

ですから、$1° = 3600''$。ということは、年周視差$0.742''$は、

$$\sin(0.742)'' = \sin\left(\frac{0.742}{3600}\right)° ≒ \sin(0.00020611)°$$

これを三角比の表で調べようとすると、0°と1°の間がなく、このままでは$\sin(0.00020611)°$を推定するのはむずかしいようです。

θ	$\sin\theta$	$\cos\theta$	$\tan\theta$
0°	0.0000	1.0000	0.0000
1°	0.0175	0.9998	0.0175

そこで、比例計算してみると、

$$\sin(0.00020611)° ≈ 0.0175 \times 0.00020611$$
$$= 3.60693 \times 10^{-6}$$

と算出できます。

ただ、このような場合はエクセルの関数を使うことで、もっとラクに、素早く結果を出してくれます。

	A	B	C	D	E
1					
2			3.59732E-06		
3					
4					

C2: `=SIN(RADIANS(0.742/3600))`

なお、エクセルの表で「E-06」とは、10^{-6}のことです。よって、

$$\sin\left(\frac{0.742}{3600}\right)° = \sin(0.00020611)° = 3.59732 \times 10^{-6}$$

このエクセルの計算結果を前ページの①の式に代入すると、

$$D = \frac{1.5 \times 10^8}{\sin\theta} = \frac{1.5 \times 10^8}{3.59732 \times 10^{-6}} \approx 4.17 \times 10^{13} \mathrm{km}$$

この数字を「光年」に直してみます。1光年とは光が1年間に進む距離ですから、光が1秒間に30万km進むとすると、

$$1\text{光年} = (3.0 \times 10^5 \mathrm{km}) \times 60 \times 60 \times 24 \times 365$$
$$= 9.46 \times 10^{12} \mathrm{km}$$

よって、ケンタウルス座α星までの距離を「光年」で表すと、

$$D = \frac{4.17 \times 10^{13} \mathrm{km}}{9.46 \times 10^{12} \mathrm{km}} = 4.408 \text{（光年）}$$

ここまでの計算は、地球と太陽との距離を約1億5000万kmとしたり、光速を1秒で30万kmとするなど、かなりアバウトな処理でしたが、それでも実際のケンタウルス座α星までの距離4.39光年にかなり近い数値に迫れたのではないでしょうか。

なお、「地球〜恒星」の距離Dを考えてずっとsinを使ってきました。しかし、恒星までの距離は非常に遠いので、「太陽〜恒星」と考えても大差はなく、その場合はsinではなくtanを使

います。実際、161ページの三角比の表を見ると、sin の横に tan の値も書かれていますが、これくらい小さな角度になると、sin も tan もまったく同じ値なのです。都合のよいほうを使えばいいでしょう。

▶ アリスタルコスの知恵

もう1つ、三角比でうまく距離測定に挑んだ知恵をご紹介しておきましょう。月と太陽は、地球から見るとほぼ同じ大きさに見えます。ということは、月と太陽は同じ大きさなのでしょうか。そんなはずはありませんね。

なぜ、違うと言えるのか ── 。それは日食です。

日食が起きると、太陽を月が隠します。太陽より月のほうが近いからこそ、月が太陽を隠せるわけです。ということは、本来、太陽は遠く、月は近いにもかかわらず、ほぼ同じ大きさに見えるのですから、「太陽のほうが月よりも大きい」と結論づけられます。

そこでユークリッドの弟子アリスタルコス（紀元前310〜同230年頃）は「太陽は月までの距離の何倍くらい遠いのか？」を、三角比を利用して考えました。

先ほど、年周視差を利用して恒星Xまでの距離を測ったときには地球〜太陽の距離を利用しましたが、今度は地球に近い月を利用します。

まず、半月のとき、次ページの図のように「太陽〜月〜地球」はちょうど90°になります。ここで「月〜地球〜太陽」をアリスタルコスが測ってみると87°だったと言われています。ということは、再び、三角関数の表を使うと（アリスタルコスの時代にはなかったのですが）、

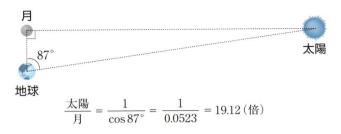

$$\frac{太陽}{月} = \frac{1}{\cos 87°} = \frac{1}{0.0523} = 19.12(倍)$$

ということで、太陽は月までの距離の約20倍の遠いところに存在する、とアリスタルコスは結論づけたのです。

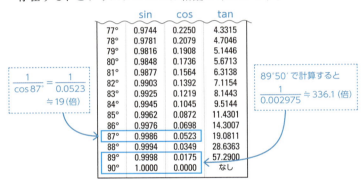

実際の角度は87°ではなく、約89°50′（約89.83°）です。これは当時の観測精度の問題や、ちょうど半月となる瞬間のとらえ方などがむずかしいので誤差が出るのはしかたありませんが、89.83°で計算し直すと（表から比例計算して0.002975）、

$$\frac{太陽}{月} = \frac{1}{\cos 89.83°} = \frac{1}{0.002975} ≒ 336.1(倍)$$

となります（実際には約400倍）。

このように、三角比を利用するだけで、さまざまな測量ができるのです。

三角比が「三角関数」に変わると……

　三角比と三角関数。よく似た名前です。中学校までにピタゴラスの定理は出てきましたが、本格的にsin、cos、tanという言葉が出てくるのは高校になってからのことで、最初（数学Ⅰ）は「三角比」と呼んでいました。三角比は直角三角形を基本に、三角形の辺と角の関係を勉強します。具体的なテーマなので、理解しやすいところがあります。

● 三角関数は単位円で考える

　この三角比が数学Ⅱになると、突然、同じsin、cos、tanを扱っているのに、「三角関数」と呼び名が変わります。様相も一変します。たとえば、三角比では具体的な三角形をもとに考えていたので、sinやcosなど、扱える角度は180°以上ではありませんでした。

　ところが、三角関数になると「角を拡張」します。どのように拡張するかというと、現実の三角形を飛び越え、半径1の「単位円」を考え、x軸から始まる始線を反時計回り（正の向き）、あるいは時計回り（負の向き）にグルグルと回していきます。

　次ページの図で三角比を考えてみます。単位円（半径が1の円）の円周上にある1点Pの座標(x, y)を、sin、cos、tanで表してみましょう。

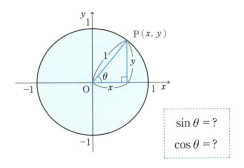

■ 円周上の点Pの座標をsin、cosで表すには?

すると、

$$\sin\theta = \frac{y}{1} \qquad \cos\theta = \frac{x}{1} \qquad \tan\theta = \frac{y}{x}$$

となりますから、Pの座標(x, y)は$(\cos\theta, \sin\theta)$と表せます。これまで直角三角形の範囲で考えていたときは、$0° < \theta < 90°$でした。それは単位円で言うと、第1象限の範囲内だけで動いていたということです。

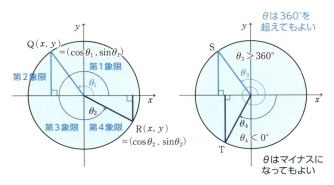

■ 360°を超える角度も、マイナスの角度も扱える

けれども、単位円上のPの座標だと考えれば、Pは第2象限にも、第3象限にも、第4象限にも移動できるので、

　　$0° < \theta < 360°$

と角を拡張できるのです。それどころか、2周目に入って450°のように360°を超えてもいいし、−50°のように逆回転させることもできます。

❯ サインカーブができた

では、θ が第1象限から第2象限、第3象限、第4象限、さらに360°を超え、あるいはマイナスのときは、$\sin\theta$、$\cos\theta$ の値はどのように変わっていくのか。それを描いたのが次ページのグラフで、一般に**サインカーブ**と呼ばれているものです。どのようにできていくか、単位円の回転とともにサインカーブができていく様子を、多数の点を使って第1象限から第4象限まで、$\sin\theta$ の値をプロットしてみました。

これで1サイクル（周期）ですが、実際には360°を超えた側にも、あるいはマイナス側にも、同様にグラフを描けます。

このように、三角形の三角比から、単位円をもとにした三角関数に変えることで、$-\infty < \theta < \infty$ の角を扱えることになったのです。

ところで、第3章では「関数とはブラックボックスだ」という話をしました。何か（x）を入れると、間に関数 $f(x)$ というものがあり、そこから何か（y）が出てくるというものです。

では、三角関数とは「何を入れると、何が出てくるのか」というと、「角度」を入れると、何らかの「数」が返ってくる——それが三角関数が他の関数と異なる特徴です。

■ 第1象限の角θに対応したsinθの値

■ 第2象限の角θに対応したsinθの値

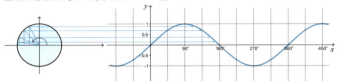

■ 第3象限の角θに対応したsinθの値

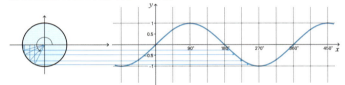

■ 第4象限の角θに対応したsinθの値

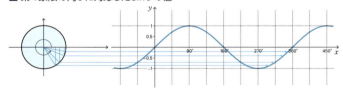

■ 360°以上の角θ、マイナスの角θにも対応したsinθの値

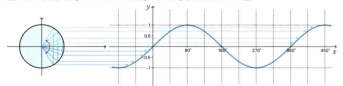

■ サインカーブはこうしてつくられる

サインカーブを組み合わせる

前ページで $\sin\theta$ のカーブができ上がっていく様子を見ました。これは $\cos\theta$ の場合も同じで、次のように $\sin\theta$ と $\cos\theta$ のグラフは形(周期)がそっくりです。異なるのは90°だけズレている(位相)という点です。

sinとcosでは、周期は同じ、位相がズレている

■ "sinカーブ"と"cosカーブ"はそっくりさん

● 波を重ね合わせてみよう

サインカーブは単純な山・谷の繰り返しにすぎませんが、このような周期のあるカーブをいろいろと足し合わせると、複雑な波形をつくることができます。

① $\sin x + \cos x$

これは単純にsinとcosとを足し合わせたもので、周期(波の山〜山、あるいは谷〜谷まで)は変わっていません。位相(周期の位置)はsinとcosで90°ズレていましたが、①ではその中

間の位相になっています。振幅は山、谷が重なる部分で $\sin x$ や $\cos x$ よりも大きくなっています。次ページ①の青い波のグラフとなります。

② $2\sin x + \cos x$

$\sin x$ の値を2倍にしたことで、振幅が大きくなっています。

③ $\sin 2x + \cos 2x$

$\sin x$、$\cos x$ を $\sin 2x$、$\cos 2x$ としたことで、周期が短くなっていることがわかります。逆に、$\sin \frac{x}{2}$ のようにすると、周期が長くなります。

④ $\sin 3x + \cos \frac{x}{2}$

$\sin 3x$、$\cos \frac{x}{2}$ としたことで、大きな周期の中に小さな周期が現れました。

⑤ $\frac{2}{3}\sin 20x + \sin\left(\frac{x}{3}\right) + \cos 8x$

地震波、あるいは心電図にも似た複雑な波形ができました。
このように、一見、複雑な波形のように見えても、それらはいくつかの三角関数の足し合わせによってつくられていることも多いのです。⑤などは景気変動のグラフにもありそうです。

● 重ね合わせ、そして分解しての分析

さて、172ページの図を見ると、これも単純なサインカーブの重ね合わせです。172ページの右のグラフだけを見ると、なぜ違う形のコブが2つあるのか、なぜ全体として右肩上がりなのかなどは不明ですが、元の3つのグラフを見ると、2つの異

① $\sin x + \cos x$

② $2\sin x + \cos x$

③ $\sin 2x + \cos 2x$

④ $\sin 3x + \cos \dfrac{x}{2}$

⑤ $\dfrac{2}{3}\sin 20x + \sin\left(\dfrac{x}{3}\right) + \cos 8x$

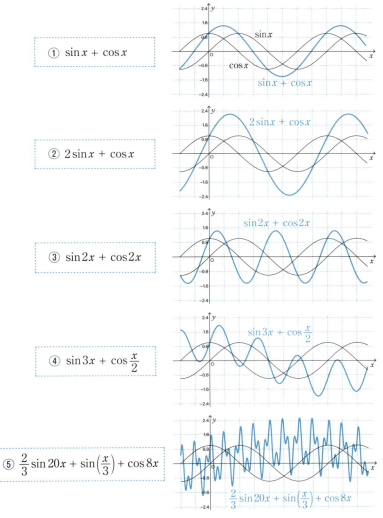

■ サインカーブの重ね合わせでさまざまな波形がつくれる

なるサインカーブがあり（振幅と周期が違う）、右肩上がりの理由もよくわかります。

ただ、左の真ん中の $\sin\frac{x}{3}$ はこの後、ゆっくりと下がっていくので（周期が長い）、重ね合わせた右のグラフも今後、徐々に下がっていくことが予想できます。

波の重ね合わせ（右図）とは逆に、左の基本的な波形に分解できれば、それぞれの波を特定できます。

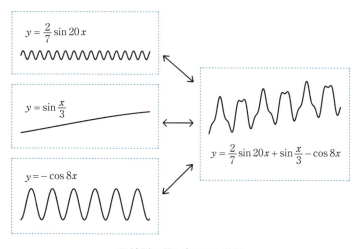

■ **波形の足し合わせと分解**

たとえば科学警察研究所では、雑音の混じった録音データから犯人の音声だけを明瞭化する処理手法を開発したり、音声以外の背景音などを抽出して犯人の居場所特定に役立てたりするなど、波形の鑑定・検査の研究を行なっているそうです。雑踏の中で特定の声だけを拾うといったことも可能になって

きました。

　また、体のリズムを整えるために人がもっているとされる体内時計の研究では、老化が進むと、下図のように1日の周期が短くなり（朝、早く目覚める）、振幅が小さくなる（メリハリがなくなる）、つまり体内時計の働きがにぶくなっていくことが体調不良の原因とされています。

　考えてみると、音波はもちろん、さまざまな電気製品から発せられる電磁波や光など、一定の周期がある波形パターンをもつものは多く存在し、それらはサインカーブによるシンプルな波に分解することができます。

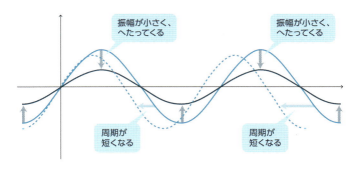

■ 体のリズムもサインカーブの形で

　三角関数の知識は測量から音声分離まで、さまざまなシーンで役立っていると言えるのです。

COLUMN

三角形を駆使したトラス構造

段ボールは紙でできていますが、とても頑丈です。その秘密は「三角形を利用したトラス構造」にあります。段ボールは図のような構造（トラス構造）になっていて、サインカーブのような「中しん」を表ライナ、裏ライナで結びつけ（三重の場合も）、それによって圧縮や引っ張りに強い構造になっています。

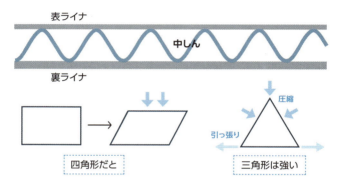

下の写真はJR中央線に架かる小石川橋梁です。明治37（1904）年の旧・甲武鉄道の開通時に架けられ、いまも現役です。

トラス式構造がはっきりと見えます。

（著者撮影）

第**7**章

微分・積分を知ると「面積から静止衛星の軌道まで」計算できる?

7-1 円周と円の面積の関係を見直すと

● 円の面積から「円周」を求める?

　微分・積分、とくに積分は面積・体積の話が多く、身構える必要はありません。第2章 ❻ では、円の面積をカバリエリの方法を使い、以下の手順で求めました(第2章の図を再掲)。
① 円をトイレットペーパーのように同心円状に細かく分ける
② これを平らな床の上に置き、上の半径に沿って切る
③ 無数の同心円がパサパサと落ちて、三角形になる……
というもので、円の面積 $= 2\pi r \times r \div 2 = \pi r^2$ と出たわけです。

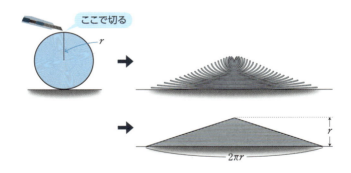

　このやり方を逆から考えてみます。つまり、初めから半径 r の円の面積が πr^2 となることがわかっているとして、そこから「円周の長さ」を導くのです。
　次ページの図のように、トイレットペーパーの一番外側の1巻き分だけを考えてください。ペーパーは超薄とし、それを

横から見たのが下の断面図です。この図の下のほうの細長い線のような長方形は、この円周1巻き分を伸ばしたものです。

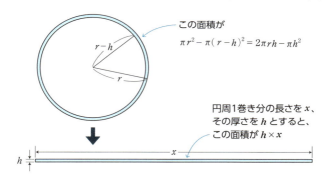

さて、一番外側の1巻き分の断面積は、「全断面積（半径r）」から「半径（$r-h$）の断面積」を引いたものなので、

$$\pi r^2 - \pi(r-h)^2 = 2\pi rh - \pi h^2$$

と言えます。これは細長い長方形（$h \times x$）の面積と等しいので、

$hx = 2\pi rh - \pi h^2$

よって、円周の長さxは

$$x = \frac{2\pi rh - \pi h^2}{h} = 2\pi r - \pi h$$

となります。ここで、トイレットペーパーは超薄としていたので、hが0に近いと考えて、$\pi h = 0$と置くと、

$x = 2\pi r - \pi h = 2\pi r$

となります。これで、円の面積から円周の長さを求めることができました。

2 球の体積と表面積にも関係が……

前項では「面積から円周」を導き出しました。これとほとんど同じ考え方で、「球の体積から表面積」を求められます。

つまり、こういうことです。半径 r の球の体積を表す関数を $V(r)$ として、超薄い皮の厚さを h としたとき、次の式が成り立つのです。

$$\text{半径 } r \text{ の球の表面積} = \left(\frac{V(r) - V(r-h)}{h} \right)_{h \to 0}$$

この式の右辺の右下に小さく書かれている「$h \to 0$」は、「最後に出てきた式の形に、$h = 0$ を代入する」という意味です。もし、最初から $h = 0$ としたら、分母が 0 となって困ります(第1章 ❸ を参照)。

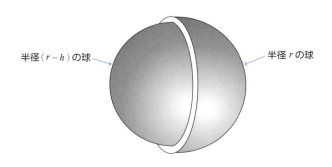

半径 $(r-h)$ の球　　　　　　　　　　半径 r の球

❯ 微分係数って、ひと言でいうと何？

さて、変数 x の関数 $f(x)$ について、$x = a$ における「微分係数」とは、円の面積と円周の長さ（前項）や、球の体積と表面積（前ページ）で用いた、次の式を定式化したものです。

$$f(x) の x=a での微分係数 \quad \left(\frac{f(a)-f(a-h)}{h}\right)_{h \to 0}$$

つまり、$f(x)$ の $x = a$ での微分係数は、$f(a) - f(a-h)$ を h で割ってから、h に 0 を代入したものと考えるのです（この表現はあくまでも、ざっくりとしたものです）。

この微分係数は、何を意味しているのでしょうか。下図のような $y = f(x)$ のグラフを描いて、このグラフを $x = a$ の付近で拡大してみると、微分係数の意味がよくわかります。

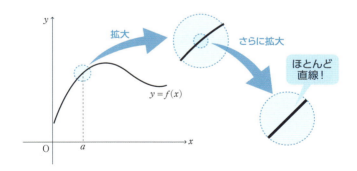

グラフの曲線が滑らかであれば、グラフを十分拡大すると、直線の一部のように見えるでしょう。そして、この「直線の傾き」を考えるのです。

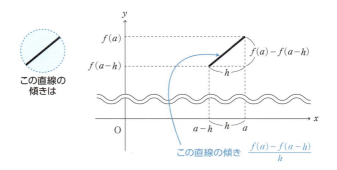

そうです。この「直線の傾き」こそ、微分係数を導いた次の式なのです。

$$\left(\frac{f(a)-f(a-h)}{h} \right)$$

つまり、$x=a$ での微分係数とは、グラフ $y=f(x)$ を $x=a$ の周囲で拡大して「直線の一部！」と見たときの、直線の傾きです。

さらに、$f(x)$ のそれぞれの点 x に x での微分係数を対応させる関数を「導関数」と言い、$f'(x)$ で表します。

$$f(x) \text{の導関数} = f'(x) = \left(\frac{f(x)-f(x-h)}{h} \right)_{h \to 0}$$

微分のキモは、この微分係数（接線の傾き）、そして導関数にあるといっても過言ではありません。

3 微分の公式とは？

◉ 接線の傾き＝微分係数だった！

前項で、グラフ（曲線）の一部を拡大してみると「直線」に見えると言いましたが、これを逆にすると、どういうことが起こるでしょうか。といっても、単に逆にすると元に戻るだけなので、「直線の一部」を直線として戻すことにしてみましょう。

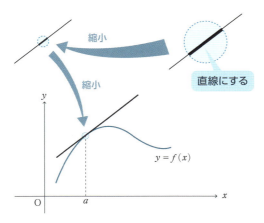

グラフ $y = f(x)$ の $x = a$ での「接線」が見えますね。この直線の傾きが、$x = a$ での $f(x)$ の微分係数だったのです。

つまり、<u>$x = a$ での微分係数は、グラフ $y = f(x)$ の $x = a$ での接線の傾きを表している</u>ことがわかります。

関数 $f(x)$ が変数 x の各点で、微分係数を計算できるとき、「微分可能」と言います。さらにこのとき、「x に対して、x で

の微分係数を対応させる関数」を考えることができます。この関数が前項で述べた「導関数」であり、$f'(x)$ で表すのです。そして、$f(x)$ から $f'(x)$ を求めることを「<u>$f(x)$ を微分する</u>」と言います。

前ページから、導関数 $f'(x)$ は x の各点で $y=f(x)$ の接線の傾きを対応させる関数ということもわかります。また、各点で接線を引けるときに、微分可能というのです。

❷ 微分の公式

曲線のグラフをもつ関数の導関数を初めて計算したのは、デカルト、パスカル、フェルマらが座標を導入して、曲線を座標平面上に描き始めた頃のことでした。

S.ホリングデールの『数学を築いた天才たち』によれば、後年ラプラス（フランスの数学者）は、フェルマこそを「微分計算の真の発明者」と呼んだのです。

ここではそれらの経緯は略し、微分の公式を以下に掲載しておくことにします。$f(x)$ と $f'(x)$ の関係、つまり、「<u>関数 $f(x)=x^n$ を微分すると nx^{n-1} となり、(ax^n+bx^m) の微分は $anx^{n-1}+bmx^{m-1}$ となる</u>」ことが知られています。

微分の公式 ……… $(x^n)' = nx^{n-1}$, $(ax^n+bx^m)' = anx^{n-1}+bmx^{m-1}$

[例]　$(x^2)' = 2x^{2-1} = 2x$

　　　$(x^3)' = 3x^{3-1} = 3x^2$

　　　$(3x^7)' = 3 \times 7x^{7-1} = 21x^6$

　　　$(8x^5 + 7x^4)' = 40x^4 + 28x^3$

7-4 「グラフの概形」は微分で描く

　導関数を用いることで、さまざまな関数についてグラフの概形を描くことができます。その手順は、非常に明快です。

① $f(x)$ の導関数 $f'(x)$ を計算する。
② $f'(x) = 0$ を満たす x を求める。
③ ②で求めた点の前後の $f'(x)$ の符号から増減を調べる。
④ ③により、極大値・極小値が決まり、それを座標に描く。

　上記の手順にしたがい、次の関数の概形を描いてみましょう。

$$f(x) = 3x^4 - 8x^3 - 6x^2 + 24x - 7$$

　手順①から、この関数を微分すると(前ページの公式)、

$$\begin{aligned}f'(x) &= 12x^3 - 24x^2 - 12x + 24 \\ &= 12(x^3 - 2x^2 - x + 2) \\ &= 12(x-2)(x^2-1) = 12(x-2)(x-1)(x+1)\end{aligned}$$

　手順②より、この式から $f'(x) = 0$ となるのは、$x = \pm 1$ と $x = 2$ です。そして、手順③より、$x > 2$ では $f'(x) > 0$ で、$x = \pm 1, 2$ で符号が変化します。

　これらのことから、次の「増減表」と呼ばれるものを書くことができます。そして、この増減表によって、$f(x)$ のグラフの概形を描くことができるため、微分では増減表をつくることはとても大切です。

増減表

x	$x<-1$	-1	……	1	……	2	$2<x$
$f'(x)$	$-$	0	$+$	0	$-$	0	$+$
$f(x)$	↘	-26	↗	6	↘	1	↗
		極小		極大		極小	

　手順④より、この増減表から「極大・極小」の x が定まり、その x を $f(x)$ に代入して、極大値・極小値が計算できます。

　増減表を見ると、$x=-1$、$x=1$、$x=2$ で $f'(x)=0$ となっています。これは $f(x)$ の接線が $x=-1$、$x=1$、$x=2$ で傾きが 0 になる、つまり「極大値・極小値」という極値をもつ、ということです。

　このことから、図のようにグラフを描くことができます。

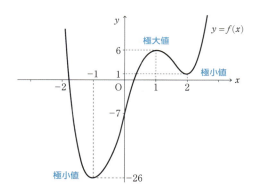

　グラフの形をざっくりと描ければ、どの辺がボトムになり、どの辺で極大値を得るのか、その後は増加の一途をたどる……など、グラフに関するさまざまな情報を得ることができます。

積分とは、「分けて面積・体積を計算する」もの

◯ 微分と積分は「ほぼ同時期」に成熟した

微分の計算が17世紀にフェルマによって発明されたこと(真の発明者)は本章❸で述べました。

では、積分はいつ頃のことでしょうか。意外にも、その2000年も前の紀元前3世紀には、アルキメデスが「図形を細かく切って面積を出す」という積分的な計算法を生み出していたのです。この考え方がケプラーの『ワイン酒樽の容積』(1615年)、そして、カバリエリの『不可分者による連続体の新幾何学』(1635年)へと続いて積分の概念が生まれたことは、すでに第2章で述べてきた通りです。

出発点は2000年も違いましたが、2つの概念が成熟したのは、ほぼ同時期でした。カバリエリの『不可分者に……』が出版された2年後の1637年にフェルマは「極値で接線の傾きが0になる」ことを述べた『最大値・最小値発見法』を著しています。当時の情報の伝達速度からすると、驚くべき速さです。

◯ 超薄トレペで積分を考える

積分とはその名の通り、「面積あるいは体積を分けて計算する」方法 のことです。

微分をトイレットペーパーの円周の長さから始めたので、積分も同じようにトイレットペーパーで考えてみましょう。

芯なしのトイレットペーパーを横から見た断面図を考えて

ください。断面は円になっていて、この円の半径は10cm、紙の厚さを0.001cmとします（通常の紙よりも超薄）。このとき、トイレットペーパーは、1万回巻いていることになります。

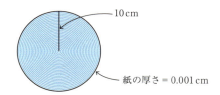

本当は蚊取り線香のように螺旋状にグルグルと巻かれているわけですが、なにぶんにも紙が非常に薄いので、「同心円で巻いている」と考えて差し支えないでしょう。

一番外側の円周の直径は、20cmになります。2番目の円周の直径は0.002cmだけ減って19.998cm、次はさらに0.002cmだけ減って19.996cm、……最後は0.002cmです。

各1巻き分の面積は直径×π×0.001（最後の0.001は紙の厚さ）です。そしてこれらを合計すると以下のようになります（πと0.001は共通なので、出しておきます）。

面積$=0.001×π×(20+19.998+19.996+\cdots\cdots+0.002)$ (cm^2) ……①

このカッコの中の「$20+19.998+19.996+\cdots\cdots+0.002$」は等差数列と呼ばれるものです。計算は初項（この場合は20）と末項（この場合は0.002）を使って、次の形でできます。

$$\frac{(初項+末項)×項数}{2}$$

この式を利用して、

面積$=\dfrac{0.001×π×(20+0.002)×10000}{2}=10.001×10π$ (cm^2)

このことから、面積 ≒ 100π (cm²)です。ふつうの円の面積の公式で解くと、半径(r) = 10cmなので、$\pi r^2 = 100\pi$ (cm²)で、非常に近いことがわかります。

　前ページの①の式で紙の厚さをdとすると、面積は、

$$d \times \pi \times (20 + [20-2d] + [20-4d] + \cdots + 4d + 2d)$$
$$= 2\pi d \times (10 + [10-d] + [10-2d] + \cdots + 2d + d) \cdots\cdots ②$$

となります。これらの式は項数が $\dfrac{10}{d}$ なので、等差数列の公式から、$\pi \times 10(10+d)$ となります。

　一方、②の式のカッコの中は、直線$y = x$のグラフを、xの値をd、$2d$、……、10として棒グラフで近似したものです。dを0に近づけると、棒の幅は小さくなって、$y = x$とx軸の囲む面積と等しくなり、

$$2\pi \int_0^{10} x dx$$

と表せます（これは「区分求積法」の考え方です。「S」を縦長に伸ばした記号については次項で説明します）。これから、

$$2\pi \int_0^{10} x dx = 10^2 \pi$$

が言えます。

　さらに半径rの円について同じように計算すると、

$$2\pi \int_0^{r} x dx = r^2 \pi$$

となります。これが積分なのです。

$f(x)$ と x 軸で囲む面積を知りたい！

前項では積分をトイレットペーパーの断面積で説明しました。このように、積分は円や球の面積・体積を計算するときにはたいへん便利なものです。

でも、「関数」というと、多くの人は「関数とは $y = f(x)$ の形だろう」と考えているでしょうから、$y = f(x)$ の形式でも説明しておきましょう。

関数 $y = f(x)$ が $[a, b]$ 区間でプラスだとします（$f(x) \geq 0$）。このとき、図の水色で塗られた面積を $\int_a^b f(x)dx$ という記号を使って表します。これは「インテグラル、a から b まで、エフエックス・ディーエックス」と読みます。この意味は何でしょうか。

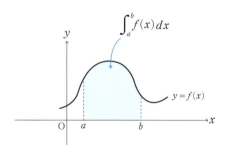

円の場合は、細い無数の同心円で分け、それらを加えました。上のグラフは円とは見かけが違いますが、この場合も細い棒グラフ（次ページ左図）に分けて、加えていきます。棒グラフの長方形をどんどん細くしていくと、右図のようになっていき……。

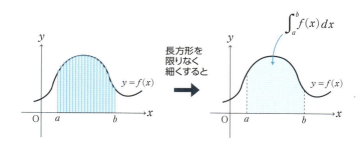

こうして細い長方形に分けていくことで、先ほど説明した $\int_a^b f(x)dx$ になりますね。

一般に、a から b の区間でいつも関数が x 軸よりも上、つまり $f(x) \geqq 0$ とは限りません。そこで、$f(x) \leqq 0$ のところでは、

$\int_a^b f(x)dx$ に「マイナス（−）」

をつけます。さらに次図のようにプラス、マイナスが入り組んでいる場合にも、それぞれの区間ごとに符号をつけていきます。

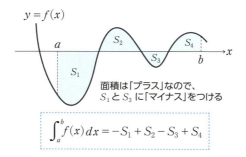

こうして、x 軸と $y = f(x)$ で囲まれた部分の面積を積分で求めていくのです。これが積分での計算法の考え方です。

カバリエリができなかったことも可能に!

　積分という道具を用いると、17世紀のケプラーやカバリエリが夢想していた、酒樽の体積の計算が効率的かつ、かんたんにできます。

　カバリエリの方法とは、酒樽を細かくスライスして、各円盤の体積を求めるものでした（第2章の図を再掲）。

円盤に分割して、それぞれの体積を計算する

　これで、この樽の体積は計算できますが、さらに精密に計算しようとすると、いっそう細かくスライスしなければなりませんし、それを計算するのは思いのほか面倒です。そこで登場するのが **回転体の体積の積分** です。

　樽を横にして、その中心線がx軸になるように置き、樽の側面の曲線を回転させて樽をつくると考えるのです。

　さて、樽の内側のいくつかの寸法を測ってみたところ、次の図

のようになったとしましょう。この体積を計算してみます。

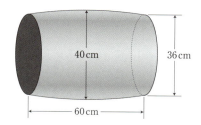

樽の側面の曲線は、下図のように、2次関数で近似できます。

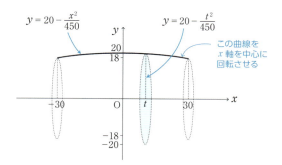

樽の側面は、この曲線の回転体で近似できる

つまり、この曲線の2次関数の近似は、y 切片が20で、$x = \pm 30$ のところで高さが18となる2次関数です。確かに、樽の絵と重ね合わせると、ほぼ一致します。

そこで、この回転体のつくる樽の体積の計算ですが、$x = t$ のところで、樽を切ってできる円の半径は

$$y = 20 - \frac{t^2}{450} \ (\text{cm})$$

となります。したがって、この切り口の円の面積 $S(t)$ は

$$S(t) = \pi \left(20 - \frac{t^2}{450}\right)^2 \ (\text{cm}^2)$$

となります。

これは、$-30 \leq t \leq 30$ について成り立つ切り口の面積の式です。（前ページの図の水色で塗られた面積）

よって、この樽の体積は、次の式のようになります。

$$V = \int_{-30}^{30} \pi \left(20 - \frac{x^2}{450}\right)^2 dx \ (\text{cm}^3)$$

このグラフは y 軸に関して対称ですから、この計算は、

$$V = 2\pi \int_0^{30} \left\{ 400 - 2 \cdot 20 \cdot \frac{x^2}{450} + \left(\frac{x^2}{450}\right)^2 \right\} dx$$

$$= 2\pi \int_0^{30} \left\{ 400 - 4 \cdot \frac{x^2}{45} + \frac{x^4}{450^2} \right\} dx$$

$$= 2\pi \left[400x - 4 \cdot \frac{x^3}{3 \cdot 45} + \frac{x^5}{5 \cdot 450^2} \right]_0^{30}$$

$$= 2\pi \left(400 \cdot 30 - 4 \cdot \frac{30^3}{3 \cdot 45} + \frac{30^5}{5 \cdot 450^2} \right)$$

$$= 2\pi (12000 - 800 + 24)$$

$$= 22448\pi \ (\text{cm}^3)$$

となります。

計算自体はちょっと面倒でしたが、分数が約分できて意外にかんたんでしたね。

8 微分と積分は「逆演算」

「積分の計算法はアルキメデスの発想をもとに、カバリエリらによって考えられ、微分はフェルマによって考えられた（ともに17世紀のほぼ同時期）」と述べました（第2章 ❸）。

それでは、巷で伝えられている「ニュートン（あるいはライプニッツ）が微分・積分をつくった！」という話は間違いだったのでしょうか。

この話は、前にも述べた通り間違いとは言えませんが、誤解を招きやすい表現です。正しくは、

「アルキメデス―カバリエリらによって積分が、フェルマによって微分が考えられた。それを統一的に論じたのがニュートン―ライプニッツだった」

と言うべきでしょう。

❷ ニュートンの基本定理

そこで、ニュートン（あるいはライプニッツ）の基本定理についても説明しておきましょう。

積分は、関数に対して「その関数とx軸で囲まれた部分の面積を求める作業だ」と言いました。

適当な出発点aからtまでの区間でx軸と$y=f(x)$のグラフで囲まれた部分の面積を$F(t)$と置くと（次図）、$F(t)$はtの関数ですが、この$F(t)$のtをxに変えた$F(x)$を$f(x)$の原始関数と言います。

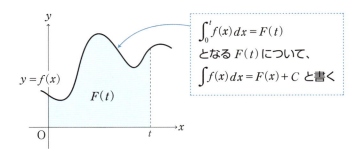

そして、$f(x)$ を積分すると $F(x) + C$ になると言います。これを不定積分とも呼び、$\int f(x)dx$ で表します。

区間の出発点 a は、変更可能としておきます（上の図では a を 0 としてあります）。出発点 a が変わると、定数だけ変わりますから、原始関数には積分定数 C をつけて、定数にはこだわらないことを示しています。

ニュートンは次の基本定理を示しました。

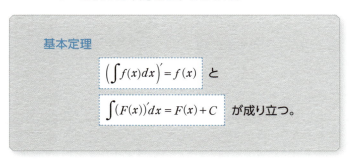

つまり、$\int f(x)dx$ は、微分したら $f(x)$ になる関数を求める演算を意味することになるのです。

このことから、「微分と積分は逆演算」と言われるわけです。

基本定理は棒グラフで納得!

前項で述べたように、積分とは「微分したら $f(x)$ となる関数を求める演算」です。これは次の基本定理、

$$\left(\int f(x)dx\right)' = f(x)$$

を根拠にしています。このことは、次のようにグラフを描いて観察すれば理解できるでしょう。

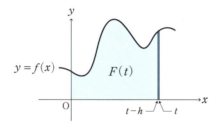

微分する $\int f(x)dx$ は、$\int_0^t f(x)dx = F(t)$ で得られた $F(t)$ の t を x に変えた x の関数 $F(x)$(原始関数)でした。

この $F(x)$ の導関数は、次の計算により得られます。

$$\left(\frac{F(x)-F(x-h)}{h}\right)_{h \to 0}$$

これは、x を t に変えても成り立つ式です(すでに $f(x)$ の中に x を使っていてややこしいので、t に変えて説明します)。

つまり、$\left(\dfrac{F(t)-F(t-h)}{h}\right)_{h \to 0}$ を計算すればよいのです。

下図のように、$F(t)$ は、$0 \leq x \leq t$ の範囲での $y = f(x)$ と x 軸の間の面積でした。ここで、$F(t) - F(t-h)$ を考えると、幅 h の細い領域になります。h を十分小さくとると、この領域はほとんど長方形になり、高さは $f(t)$ になると考えられます。

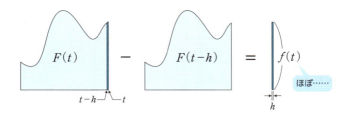

したがって、この細い領域の面積は $f(t) \times h$ と考えられます。よって、

$$\left(\dfrac{F(t)-F(t-h)}{h}\right)_{h \to 0} = \dfrac{f(t) \times h}{h} = f(t)$$

ここで、t を x に戻して、

$$\left(\dfrac{F(x)-F(x-h)}{h}\right)_{h \to 0} = f(x)$$

これが「積分とは、微分したら $f(x)$ となる関数を求める演算」と言われる理由です。

以上で微分・積分の基本的な説明は終えましたので、最後に、微分・積分で「静止衛星の軌道」にチャレンジしてみましょう。

10 静止衛星の軌道を微分で求める

● 三角関数の微分で静止衛星の軌道まで？

では最後に、「微分の凄さ」を実感するものとして、静止衛星の軌道計算をしてみましょう。

そのためには、三角関数の微分について、事前に知っておく必要があるので、最初に少しばかりお付き合いください。

まず、$y = \sin x$ と $y = \cos x$ のグラフを、下図のように描きます。x 軸の単位は「度」ではなく、「ラジアン」を使います（図で $\pi = 180°$ です）。

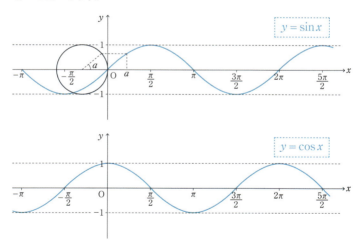

このグラフの $y = \sin x$ 上のいくつかの点で接線を引いてみると、その傾きは、対応する $y = \cos x$ の値になります。

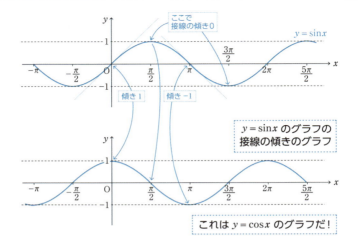

つまり、$f(x) = \sin x$ を微分すると、$f'(x) = \cos x$ となることがわかります。同様にして、$g(x) = \cos x$ を微分すると、$g'(x) = -\sin x$ となることもわかります。

● 回転運動を考える

さて、静止衛星のような回転運動は、地球の中心を原点とする半径 r の円運動である、と考えることができます。

すると、静止衛星の位置を (x, y) 座標で表すと、

 $x = r\cos At$、$y = r\sin At$ より、$(r\cos At,\ r\sin At)$

と表せます（200ページの図を参照）。

r は回転運動の円の半径であり、A はその速度です。A が大きければ、回転の動きが速くなります。ですから、この A を**角速度**と言います。

たとえば、$A = 2$ のとき、$f(x) = \sin 2x$ のグラフはどうなるでしょうか。

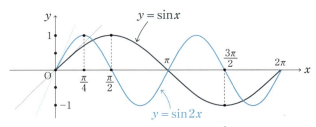

$y=\sin 2x$ のグラフは、$y=\sin x$ のグラフを横に $\frac{1}{2}$ だけ縮めたもの。したがって、接線の傾きは2倍になる。
このことから、 $y'=(\sin 2x)'=2\cos 2x$

x に $\frac{\pi}{4}$ を代入したとき、

$$f\left(\frac{\pi}{4}\right) = \sin 2\left(\frac{\pi}{4}\right) = \sin\left(\frac{\pi}{2}\right) = 1$$

x に $\frac{\pi}{2}$ を代入したとき、

$$f\left(\frac{\pi}{2}\right) = \sin 2\left(\frac{\pi}{2}\right) = \sin \pi = 0$$

となり、$f(x)=\sin 2x$ のグラフはちょうど $f(x)=\sin x$ のグラフを横方向(x方向)に $\frac{1}{2}$ だけ縮めた形になります。グラフを横方向に $\frac{1}{2}$ だけ縮めると、接線の傾きは2倍になります。図の原点での接線の傾きを比べてみてください。

同じようにして、一般に、$y=\sin Ax$ の接線の傾きは、$f(x)=\sin x$ の対応する点の接線の傾きのA倍になりますから、

$f(x)=\sin Ax$ を微分すると、　$f'(x)=A\cos Ax$

となるのです。同様に、

$g(x)=\cos Ax$ を微分すると、　$g'(x)=-A\sin Ax$

となります。

◯ 静止衛星の位置から「速度」を求める

静止衛星の位置が $(r\cos At, r\sin At)$ と表されるとき、その速度は、各成分を t で微分して、$(-Ar\sin At, Ar\cos At)$ となります。速度の大きさは、

$$\sqrt{(-Ar\sin At)^2+(Ar\cos At)^2}=Ar\sqrt{(\sin At)^2+(\cos At)^2}=Ar$$

となります。

また、速度を微分して、加速度は、$(-A^2 r\cos At, -A^2 r\sin At)$ となり、その大きさは、

$$\sqrt{(-A^2 r\cos At)^2+(-A^2 r\sin At)^2}=A^2 r\sqrt{(\sin At)^2+(\cos At)^2}=A^2 r$$

となります。

ここからの計算に必要となる3つのデータを示しておきます。
- 地球の半径:$R = 6.37\times 10^6$ (m)
- 地表での重力加速度:$g = 9.81$ (m/s^2)
- 静止衛星の高度を h (m)

静止衛星 $(r\cos At, r\sin At)$

位置 $(r\cos At, r\sin At)$ を微分すると「速度」がわかる

地球の中心

■ 微分を使って、静止衛星の「位置・速度・加速度」を導く

静止衛星は23.9344時間をかけて、地球の周りを高度hで1周するので（次ページ参照）、角速度Aは、$A = \dfrac{2\pi}{23.93 \times 60 \times 60}$ (1/s)となります。半径rは$R+h$で、速度vは$(R+h) \times A$、つまり（半径×角速度）ですから、

$$v = \frac{2\pi(R+h)}{23.93 \times 60 \times 60} \text{ (m/s)}$$

加速度aは、$(R+h) \times A^2$、つまり（半径×（角速度）^{2}）で、

$$a = (R+h)\left(\frac{2\pi}{23.93 \times 60 \times 60}\right)^2 \text{ (m/s}^2\text{)}$$

地球（質量M）と、地球の中心から距離rの衛星（質量m）が引き合う力（万有引力）は、$G \times \dfrac{M \times m}{r^2}$です（$G$は万有引力定数）。この値が地表では$9.81m$と観測されています。

よって、$9.81m = G \times \dfrac{M \times m}{R^2}$で、$G \times M = 9.81 \times R^2$です。

これから、地表から高さhでの引力は、$\dfrac{9.81 \times R^2 m}{(R+h)^2}$で、これが加速度による力$am$と一致するため、

$$(R+h)\left(\frac{2\pi}{23.93 \times 60 \times 60}\right)^2 = \frac{9.81 \times R^2}{(R+h)^2}$$

これから、$(R+h)^3 = \left(\dfrac{23.93 \times 60 \times 60}{2\pi}\right)^2 \times 9.81 \times R^2$

ゆえに、$(R+h) = \sqrt[3]{\left(\dfrac{23.93 \times 60 \times 60}{2\pi}\right)^2 \times 9.81 \times R^2}$

よって、$h = \sqrt[3]{\left(\dfrac{23.93 \times 60 \times 60}{2\pi}\right)^2 \times 9.81 \times R^2} - R$

かなり複雑な式になりましたが、この式に$R = 6.37 \times 10^6$ (m)を代入すると、静止衛星の高さhが出てきます。

hは3.57×10^7 (m)となります。約3万5700kmですね。

COLUMN

地球の1日は24時間？
1年は365回転？

地球が1回転する正確な時間をご存じですか（南中時〈太陽が真南に見えるとき〉から次の日の南中時まで）。

ふつうは「24時間」と考えるでしょう。しかし、実は、少しだけ短いのです。というのは、地球は自転しながら、太陽の周りを365日かけて公転しています。他の天体から地球を見ていると、地球は365日かけて366回転しているので、365×24時間で366回転です。このため、1回転にかかる時間は、

$$\frac{365 \times 24}{366} = 23.9344\cdots\cdots（時間）$$

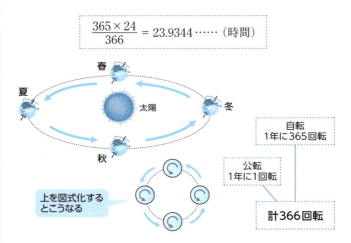

小数点以下を1時間＝60分と単位換算して、約23時間56分4秒です。結局、「少しだけ短い」と言ったものの、ラフな計算では、この数値を24時間としても、ほとんど問題ありませんね。

《 主 な 参 考 文 献 》

吉田光由/著、大矢真一/校注『塵劫記』(岩波書店、1977年)
スチュアート・ホリングデール/著、岡部恒治/監訳
　　　　　　　　　　『数学を築いた天才たち(上・下)』(講談社、1993年)
サイモン・シン/著、青木 薫/訳『暗号解読(上・下)』(新潮社、2007年)
M・サヴァント/著、東方雅美/訳『気がつかなかった数字の罠』(中央経済社、2002年)
郡 和範/著『宇宙はどのような時空でできているのか』(ベレ出版、2016年)
岡部恒治・本丸諒/著『意味がわかる微分・積分』(ベレ出版、2012年)
岡部恒治・本丸諒/著『マンガでわかる幾何』(サイエンス・アイ新書、2011年)
岡部恒治/著『絵でわかる微分と積分』(日本実業出版社、1989年)
岡部恒治/著『マンガ・微積分入門』(講談社、1994年)
涌井良幸/著『図解・速算の技術』(サイエンス・アイ新書、2015年)

おわりに

　最後まで本書をお読みいただき、ありがとうございます。本書には、『本当は面白い数学の話』というタイトルがつけられています。実は、残念なことに、筆者（本丸）が「数学の本なども書いています」と人に言うと、「数学の本？　どこが面白いんですか？」と聞かれることがよくあるのです。つまり、「数学は面白くないものだ」という既成概念があるようです。

　面白くないだけでなく、「役に立たない」という声も聞きます。といっても、数学は学問なので、そのすべてが即、応用に役立つ必要があるとは思いませんが、その「役に立たず、さらに面白くない」例として、よく槍玉にあげられるのが「対数」です。そこで少し対数の話も織り交ぜながら、「数学の面白さ」について考えてみることにしましょう。

　たしかに、対数はlogという記号も出てきますし、指数との関係で複雑さがあって嫌われ者です。けれども日常生活において、酸性雨の指標（pH5.6以下など）や地震のマグニチュードの背景には対数の考え方があります。マグニチュード5と7では「数値が2違う」とだけ思っているのと、「（エネルギーは）1000倍違う！」という対数の知識があるのとでは、同じテレビニュースを見ていて

も、地震への実感や、そこから得る情報量が大きく違ってくるはずです。

　また、仕事上、何らかの関連する2種類のデータがあって、その関連を調べたいけれど、グラフにすると、あっという間にグラフ用紙を飛び出してしまう……という場合はどうでしょうか。そんなときでも、第5章❺で示したように、両対数グラフでプロットすることで、その傾きを測って（$\frac{3}{2}$など）、両者の関係（2乗：3乗など）を推定できます。

　この操作はエクセルでも可能です（「可能」と言うよりも、かんたん）。けれども、エクセルがそこで何をしているのか、そこがブラックボックスのままでは、それこそ面白いはずがありません。あなたの周りでブラックボックスが増えれば増えるほど、面白くないことが増え続けます。

　けれども、そのブラックボックス化しつつある背景を説明し、解き明かしてくれるのが「数学」であり、そこにこそ、数学の面白さの1つがある、と思うのです。

　数学は、世の中のしくみや背景を鉛筆1本で考えることができる優れもの。その意味で「数学は、本当はとても面白い」ものなのです。本書の企画意図もそこにありましたが、その狙いの何割かでも達成できたなら、筆者の1人として、望外の喜びです。

　　　　　　　　　　　　　　　2018年2月　本丸 諒

著者プロフィール

岡部恒治（おかべ つねはる）

東京大学大学院理学研究科修了。埼玉大学経済学部教授を経て、現在、同大学名誉教授。1999年『分数ができない大学生』（共編、東洋経済新報社）で、その後の学力低下論議のきっかけをつくり、日本数学会出版賞を受賞。また、『マンガ幾何入門』『マンガ・微積分入門』（ともに講談社）など、新しい視点でまとめたベストセラー書が多数ある。

本丸 諒（ほんまる りょう）

横浜市立大学を卒業後、出版社に勤務。サイエンス分野を中心に多数のベストセラー書籍を企画・編集。独立後、編集工房シラクサを設立し、編集者＆サイエンスライターの道を歩む。「理系テーマを文系向けに＜超翻訳する＞技術」には定評がある。著書として『統計学はじめの一歩』（かんき出版）、共著に『意味がわかる微分・積分』（ベレ出版）、『マンガでわかる幾何』（サイエンス・アイ新書）などがある。

本文デザイン・アートディレクション：近藤久博（近藤企画）
イラスト：高村かい
tora（近藤企画）
校正：長谷川愛美、曽根信寿

サイエンス・アイ新書 発刊のことば

「科学の世紀」の羅針盤

　20世紀に生まれた広域ネットワークとコンピュータサイエンスによって、科学技術は目を見張るほど発展し、高度情報化社会が訪れました。いまや科学は私たちの暮らしに身近なものとなり、それなくしては成り立たないほど強い影響力を持っているといえるでしょう。

　『サイエンス・アイ新書』は、この「科学の世紀」と呼ぶにふさわしい21世紀の羅針盤を目指して創刊しました。情報通信と科学分野における革新的な発明や発見を誰にでも理解できるように、基本の原理や仕組みのところから図解を交えてわかりやすく解説します。科学技術に関心のある高校生や大学生、社会人にとって、サイエンス・アイ新書は科学的な視点で物事をとらえる機会になるだけでなく、論理的な思考法を学ぶ機会にもなることでしょう。もちろん、宇宙の歴史から生物の遺伝子の働きまで、複雑な自然科学の謎も単純な法則で明快に理解できるようになります。

　一般教養を高めることはもちろん、科学の世界へ飛び立つためのガイドとしてサイエンス・アイ新書シリーズを役立てていただければ、それに勝る喜びはありません。21世紀を賢く生きるための科学の力をサイエンス・アイ新書で培っていただけると信じています。

2006年10月

※サイエンス・アイ（Science i）は、21世紀の科学を支える情報（Information）、
知識（Intelligence）、革新（Innovation）を表現する「 i 」からネーミングされています。

SB Creative

サイエンス・アイ新書
SIS-403

http://sciencei.sbcr.jp/

本当は面白い数学の話
確率がわかればイカサマを見抜ける？
紙を100回折ると宇宙の果てまで届く？

2018年3月25日　初版第1刷発行

著　者　　岡部恒治・本丸 諒
発行者　　小川 淳
発行所　　SBクリエイティブ株式会社
　　　　　〒106-0032　東京都港区六本木2-4-5
　　　　　営業：03(5549)1201
装丁・組版　近藤久博(近藤企画)
印刷・製本　株式会社 シナノ パブリッシング プレス

乱丁・落丁本が万が一ございましたら、小社営業部まで着払いにてご送付ください。送料
小社負担にてお取り替えいたします。本書の内容の一部あるいは全部を無断で複写
(コピー)することは、かたくお断りいたします。本書の内容に関するご質問等は、小社科学
書籍編集部まで必ず書面にてご連絡いただきますようお願い申し上げます。

©岡部恒治・本丸 諒 2018 Printed in Japan　ISBN 978-4-7973-9595-2